福建省马铃薯
种质鉴定、创制与应用

汤 浩 等 著

中国农业出版社
北 京

《福建省马铃薯种质鉴定、创制与应用》

著 者 名 单

汤　浩	福建省农业科学院	研究员
邱思鑫	福建省农业科学院作物研究所	研究员
许国春	福建省农业科学院作物研究所	助理研究员
李华伟	福建省农业科学院作物研究所	副研究员
罗文彬	福建省农业科学院作物研究所	副研究员
许泳清	福建省农业科学院作物研究所	副研究员
纪荣昌	福建省农业科学院作物研究所	副研究员
李国良	福建省农业科学院作物研究所	助理研究员
张　鸿	福建省农业科学院作物研究所	助理研究员
林赵淼	福建省农业科学院作物研究所	助理研究员
邱永祥	福建省农业科学院作物研究所	研究员

前 言

    福建省是我国马铃薯引进地之一，具有悠久的种植历史。目前，马铃薯是福建省仅次于水稻和甘薯的第三大粮食作物，也是最主要的春粮作物。福建省马铃薯种植包括春种、秋种和冬种三大类型，以冬种为主，占总面积的80%以上。福建省在我国马铃薯栽培区划中属南方冬作区，是我国冬作马铃薯优势产区，由于比较效益高，又能充分利用冬闲田，其发展前景良好。然而，福建省马铃薯育种科学研究起步较晚，囿于气候条件，马铃薯开花、结实等均受限制，杂交育种工作难度大。马铃薯是喜冷凉作物，冬作区马铃薯生长期间的温度、湿度、日照长短变化等种植环境因子与北方一作区均有不同，因此，北方成熟的杂交育种技术体系无法直接复制应用。受制于以上因素，福建省马铃薯新品种选育一直无法取得突破，导致生产上种植的品种长期依靠国内外引进。

    21世纪初，福建省农业科学院重启马铃薯品种选育研究，通过近20年的探究与实践，克服了福建马铃薯杂交育种过程中亲本不（难）开花、花粉活力低、结实率低、坐果率低、种子萌发率低等技术瓶颈，并建立起较为完整的马铃薯杂交育种技术体系，实现了福建省自育马铃薯品种从无到有的突破。近年来，福建自育马铃薯品种在生产上逐步推广应用，据种业管理部门数据显示，截至2022年，自育品种播种面积占比已超过六成。

    为了进一步总结经验，提升自主育种能力，本书对近年来获得的马铃薯种质资源鉴定结果以及创制的优异种质、育成的新品种进行系统整理。根据福建省马铃薯产业需求和课题育种目标，我们将课题研究涵盖的马铃薯种质资源分为五大类型，包括核心种质资源、储备种质资源、抗晚疫病种质资源、耐寒种质资源和优异中间材料，对各类型种质的来源、主要形态特征及优异性状等进行了详略不一的记载与描述，它们的表现与北方一作区略有不同。同时，对福建省目前已登记并正在推广的部分自育马铃薯新品种的特征特性、适种地区、栽培要点、注意事项等进行了介绍。本书可为福建省乃至我国南方冬作区马铃薯种质资源交流共享和创新利用提供基础材料信息，也可为福建马铃薯产业优质高效发展提供品种参考。本书可供科研人员、院校师生、农业技术推广人员等借鉴。

由于经验不足，加之水平有限，书中疏漏与不足之处难免，恳请同行及广大读者批评指正！

著　者

2024年3月

目录

前言

第一章   1
核心种质资源

1. 费乌瑞它 ……………………………………… 2

2. 合作88号 ……………………………………… 3

3. 克6717-36 ……………………………………… 4

4. 克新3号 ………………………………………… 5

5. 黔芋8号 ………………………………………… 6

6. 青薯9号 ………………………………………… 7

7. 天薯10号 ……………………………………… 8

8. 乌盟601 ………………………………………… 9

9. 中薯3号 ………………………………………… 10

10. 中薯27号 ……………………………………… 11

11. 中薯早47号 …………………………………… 12

12. 松溪本地种 …………………………………… 13

第二章   14
储备种质资源

1. Atlantic ………………………………………… 15

2. Bzura …………………………………………… 15

3. Ewerest ………………………………………… 15

4. Kennebec ……………………………………… 16

5. NS51-5 ·· 16

6. Saco ··· 16

7. Sebago ··· 17

8. 北方007 ··· 17

9. 北方010 ··· 17

10. 北方013 ·· 18

11. 德薯2号 ·· 18

12. 东农303 ·· 18

13. 鄂马铃薯1号 ··· 19

14. 鄂马铃薯3号 ··· 19

15. 鄂马铃薯10号 ······································· 19

16. 鄂马铃薯13号 ······································· 20

17. 鄂马铃薯16号 ······································· 20

18. 富金 ··· 20

19. 红美 ··· 21

20. 虎头 ··· 21

21. 冀张薯8号 ··· 21

22. 晋薯2号 ·· 22

23. 晋薯6号 ·· 22

24. 晋薯7号 ·· 22

25. 晋薯15号 ·· 23

26. 晋薯16号 ·· 23

27. 克新4号 ·· 23

28. 克新16号 ·· 24

29. 克新18号 ·· 24

30. 克新19号 ·· 24

31. 龙薯4号 ·· 25

32. 龙薯10号 ·· 25

33. 南中552 ·· 25

34. 黔芋9号 ·· 26

35. 同薯28号 ·· 26

36. 土岩2号 ·· 26

37. 土岩 5 号 ……………………………………………… 27

38. 延薯 4 号 ……………………………………………… 27

39. 延薯 9 号 ……………………………………………… 27

40. 尤金 …………………………………………………… 28

41. 云薯 102 ……………………………………………… 28

42. 云薯 103 ……………………………………………… 28

43. 云薯 201 ……………………………………………… 29

44. 云薯 505 ……………………………………………… 29

45. 中薯 2 号 ……………………………………………… 29

46. 中薯 8 号 ……………………………………………… 30

47. 中薯 17 号 …………………………………………… 30

48. 中薯 18 号 …………………………………………… 30

49. 中薯 19 号 …………………………………………… 31

50. 中薯 26 号 …………………………………………… 31

51. 巴山白 ………………………………………………… 31

52. 福鼎本地种 …………………………………………… 32

53. 河坝洋芋 ……………………………………………… 32

54. 黄麻子 ………………………………………………… 32

55. 剑川红 ………………………………………………… 33

56. 尼尼洋芋 ……………………………………………… 33

57. 寿宁本地种 …………………………………………… 33

58. 乌洋芋 ………………………………………………… 34

59. 信宜红皮 ……………………………………………… 34

60. 永泰本地种 …………………………………………… 34

第三章

抗晚疫病种质资源   35

一、马铃薯晚疫病抗性鉴定方法 ……………………………… 36

二、抗晚疫病种质资源 ………………………………………… 38

（一）高抗晚疫病资源 ……………………………………… 38

1. CIP 1 ………………………………………………… 38

2. CIP 30 ……………………………………………… 38

3.CIP 34 ······ 38

4.CIP 58 ······ 39

（二）抗晚疫病资源 ······ 39

1.云薯104 ······ 39

2.福彩 ······ 39

3.S03-2744 ······ 40

4.CIP 13 ······ 40

5.CIP 14 ······ 40

6.CIP 18 ······ 41

7.CIP 52 ······ 41

8.CIP 53 ······ 41

9.CIP 55 ······ 42

10.CIP 94 ······ 42

（三）中抗晚疫病资源 ······ 42

1.紫云1号 ······ 42

2.老林洋芋 ······ 43

3.粉薯 ······ 43

4.CIP 10 ······ 43

5.CIP 11 ······ 44

6.CIP 20 ······ 44

7.CIP 44 ······ 44

8.CIP 66 ······ 45

第四章

耐寒种质资源 ······ 46

一、马铃薯耐寒鉴定方法（电导率法） ······ 47

二、耐寒种质资源 ······ 48

1.Alaska Frostless ······ 48

2.郑薯6号 ······ 48

3.广西耐寒 ······ 49

4.闽128001 ······ 49

第五章 ——————————————————————————————— 50

优异中间材料

1. 闽 056009 …………………………………………………… 51

2. 闽 067001 …………………………………………………… 51

3. 闽 178057 …………………………………………………… 51

4. 闽 178058 …………………………………………………… 52

5. 闽 183074 …………………………………………………… 52

6. 闽 328208 …………………………………………………… 52

7. 闽 334204 …………………………………………………… 53

8. 闽 365376 …………………………………………………… 53

9. 闽 378245 …………………………………………………… 53

10. 闽 424085 ………………………………………………… 54

11. 闽 001019 ………………………………………………… 54

12. 闽 020008 ………………………………………………… 54

13. 闽 020064 ………………………………………………… 55

14. 闽 020068 ………………………………………………… 55

15. 闽 020076 ………………………………………………… 55

16. 闽 030001 ………………………………………………… 56

17. 闽 008003 ………………………………………………… 56

18. 闽 021001 ………………………………………………… 56

第六章 ——————————————————————————————— 57

育成品种

1. 闽薯 1 号 …………………………………………………… 58

2. 闽薯 2 号 …………………………………………………… 59

3. 闽薯 3 号 …………………………………………………… 60

4. 闽薯 4 号 …………………………………………………… 61

5. 闽薯 5 号 …………………………………………………… 63

6. 闽薯 6 号 …………………………………………………… 64

7. 闽彩薯 1 号 ………………………………………………… 65

8. 闽彩薯 2 号 ………………………………………………… 66

9. 闽彩薯 3 号 ………………………………………………… 68

10. 福克76 ··· 69

11. 福克212 ·· 70

12. 泉云3号 ·· 72

13. 泉云4号 ·· 73

14. 泉薯5号 ·· 74

15. 福农薯1号 ·· 76

16. 福彩薯2号 ·· 77

17. 闽诚2号 ·· 78

附录一 《植物品种特异性、一致性和稳定性测试指南 马铃薯》
     (GB/T 19557.28—2018) ··························· 80

附录二 《马铃薯种质资源描述规范》(NY/T 2940—2016) ······················· 103

后记 ·· 114

第一章 核心种质资源

　　种质资源是作物遗传育种和重要性状研究的物质基础，在马铃薯杂交育种中，种质资源的收集、鉴定和创新利用越来越受到各育种单位的重视。据统计，我国目前保存有5 000余份马铃薯种质资源，大量的种质资源为开展遗传研究和杂交育种提供了丰富的基础材料。然而，庞大的数量也对种质资源的保存、鉴定、利用等相关工作造成了困难，导致大部分种质资源都处于"沉睡"状态，在育种过程中实际被利用的种质资源数量十分有限。针对这一普遍性问题，澳大利亚科学家在20世纪80年代首次提出了核心种质的概念，即通过特定的方法选择出一小部分种质资源，且其能够最大程度地代表整个种质资源的遗传多样性。核心种质的选择策略并非一成不变，不同作物种类、不同利用目的、不同研究人员，在核心种质的构建程序、数据分析、取样方法上均可能有所差异。对于作物育种而言，核心种质是否具有实用性最为重要，因此，其构建必然受到生态气候条件、区域产业需求、栽培耕作制度等方面的影响。针对同一套种质资源构建形成的核心种质，在不同区域可能仍存在较大差异。本章所展示的12个核心种质正是我们在福建省特殊地理气候条件下，围绕南方冬作区马铃薯产业需求，经过多年收集、评价、鉴定而总结建立，这些核心种质主要具有早熟、高产、外观品质佳、食味品质优、抗晚疫病等单个或多个特征特性。

1. 费乌瑞它

种质来源：宁夏农林科学院固原分院

选育单位：荷兰ZPC公司

亲本组合：ZPC50-35 × ZPC55-37

品种熟性：早熟

主要特征：株型直立，叶片绿色，茎绿带褐色；在福建高海拔春种自然条件下开花频率低，花粉活力较低，花冠浅紫色，花药黄色；薯块长卵圆形，薯皮浅黄色，薯肉浅黄色，芽眼浅，表皮光滑。光发芽形状卵形，光发芽基部花青苷显色中，光发芽基部茸毛数量中。

优异性状：外观品质佳、适应性广。

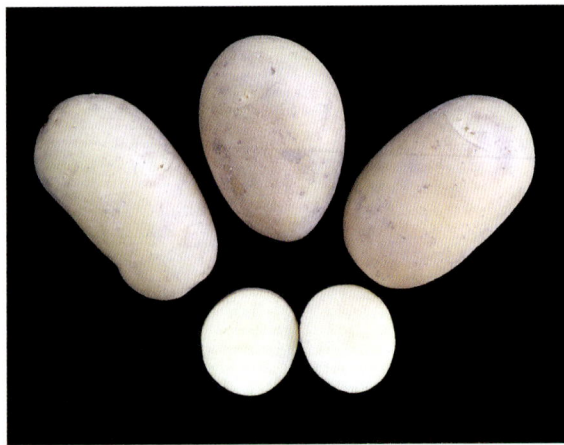

2. **合作88号**

种质来源：宁夏农林科学院固原分院
选育单位：云南师范大学、会泽县农业技术推广中心
亲本组合：I-1085×BLK2
品种熟性：晚熟
主要特征：株型直立，叶片深绿色，茎绿带紫色；在福建高海拔春种自然条件下开花频率高，花粉活力较高，花冠浅紫色，花药黄色；薯块卵圆形，薯皮红色，薯肉深黄色，芽眼较深、红色，表皮光滑度中等。光发芽形状卵圆形，光发芽基部花青苷显色中，光发芽基部茸毛数量无或极少。
优异性状：高淀粉、中抗晚疫病。

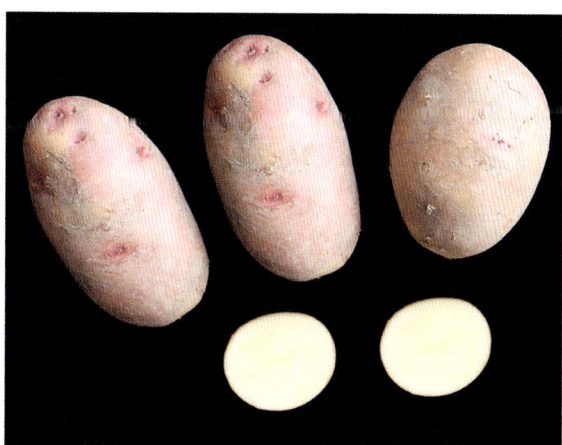

3. 克6717-36

种质来源： 宁夏农林科学院固原分院
选育单位： 黑龙江省农业科学院克山分院
亲本组合： 男爵 × 375-85
品种熟性： 中熟
主要特征： 株型直立，叶片深绿色，茎绿色；在福建高海拔春种自然条件下开花频率中等，花粉活力中等，花冠白色，花药橙黄色；薯块短卵圆形，薯皮黄色，薯肉黄色，芽眼浅，表皮光滑。光发芽形状卵形，光发芽基部花青苷显色中到强，光发芽基部茸毛数量多。
优异性状： 丰产性好、高淀粉。

4. 克新3号

种质来源：宁夏农林科学院固原分院
选育单位：黑龙江省农业科学院克山分院
亲本组合：米拉 × 卡它丁
品种熟性：中熟
形态特征：株型直立，叶片绿色，茎绿色；在福建高海拔春种自然条件下开花频率中等，花粉活力中等，花冠白色，花药黄色；薯块短卵圆形，薯皮黄色，薯肉黄色，芽眼深度中等，表皮光滑。光发芽形状圆锥形，光发芽基部花青苷显色强，光发芽基部茸毛数量少。
优异性状：丰产性好、适应性广。

5. 黔芋8号

种质来源： 福建省马铃薯新品种展示征集
选育单位： 贵州省生物技术研究所、中国农业科学院蔬菜花卉研究所
亲本组合： Torridon × Jacqueline Lee
品种熟性： 中早熟
主要特征： 株型直立，叶片深绿色，茎绿色；在福建高海拔春种自然条件下开花频率中等，花粉活力高，花冠白色，花药黄色；薯块长卵圆形，薯皮浅黄色，薯肉黄色，芽眼浅，表皮光滑。光发芽形状圆锥形，光发芽基部花青苷显色弱，光发芽基部茸毛数量无或极少。
优异性状： 食味品质优、高维生素C、中抗晚疫病。

6. 青薯9号

种质来源：福建省马铃薯新品种展示征集
选育单位：青海省农林科学院生物技术研究所
亲本组合：387521.3 × APHRODITE
品种熟性：中晚熟
主要特征：株型直立，叶片深绿色，茎绿带褐色；在福建高海拔春种自然条件下开花频率较高，花粉活力高，花冠紫色，花药黄色；薯块卵圆形，薯皮红色，薯肉深黄色，芽眼深度中等，表皮光滑度中等。光发芽形状卵圆形，光发芽基部花青苷显色中到强，光发芽基部茸毛数量少。
优异性状：丰产性好、抗逆性强、适应性广。

7. 天薯10号

种质来源：福建省马铃薯新品种展示征集
选育单位：甘肃省天水市农业科学研究所
亲本组合：庄薯3号 × 郑薯1号
品种熟性：晚熟
主要特征：株型直立，叶片绿色，茎绿色；在福建高海拔春种自然条件下开花频率高，花粉活力高，花冠白色，花药黄色；薯块卵圆形，薯皮黄色，薯肉黄色，芽眼浅，表皮光滑度中等。光发芽形状球形，光发芽基部花青苷显色弱到中，光发芽基部茸毛数量少。
优异性状：高淀粉、高蛋白质、高抗晚疫病。

8. 乌盟601

种质来源： 宁夏农林科学院固原分院
选育单位： 乌兰察布市农业科学研究所
亲本组合： 小叶子 × 多子白
品种熟性： 中早熟
主要特征： 株型直立，叶片绿色，茎绿色；在福建高海拔春种自然条件下开花频率中等，花粉活力中等，花冠白色，花药黄色；薯块卵圆形，薯皮黄色，薯肉黄色，芽眼浅，表皮光滑。光发芽形状卵圆形，光发芽基部花青苷显色弱到中，光发芽基部茸毛数量少。
优异性状： 丰产性好、抗晚疫病。

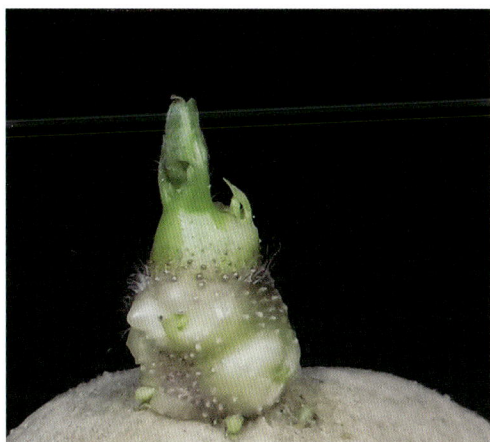

9. 中薯3号

种质来源： 福建省马铃薯新品种展示征集
选育单位： 中国农业科学院蔬菜花卉研究所
亲本组合： 京丰1号 × BF77A
品种熟性： 早熟
主要特征： 株型直立，叶片绿色，茎绿色；在福建高海拔春种自然条件下开花频率低，花粉活力低，花冠白色，花药橙黄色；薯块卵圆形，薯皮黄色，薯肉浅黄色，芽眼浅，表皮光滑。光发芽形状球形，光发芽基部花青苷显色中，光发芽基部茸毛数量少。
优异性状： 丰产性好、适应性广。

10. 中薯27号

种质来源：福建省马铃薯新品种展示征集
选育单位：中国农业科学院蔬菜花卉研究所
亲本组合：LR93.309×C93.154
品种熟性：中晚熟
主要特征：株型直立，叶片绿色，茎绿色；在福建高海拔春种自然条件下开花频率低，花粉活力低，花冠白色，花药黄色；薯块长卵圆形，薯皮黄色，薯肉浅黄色，芽眼浅，表皮光滑。光发芽形状球形，光发芽基部花青苷显色弱，光发芽基部茸毛数量多。
优异性状：外观品质佳、高维生素C。

11. 中薯早47号

种质来源： 福建省马铃薯新品种展示征集
选育单位： 中国农业科学院蔬菜花卉研究所
亲本组合： Frisia × 中薯3号
品种熟性： 早熟
主要特征： 株型直立，叶片绿色，茎绿色；在福建高海拔春种自然条件下开花频率低，花粉活力低，花冠白色，花药黄色；薯块短卵圆形，薯皮黄色，薯肉黄色，芽眼较浅，表皮光滑。光发芽形状卵形，光发芽基部花青苷显色弱到中，光发芽基部茸毛数量少。
优异性状： 丰产性好、商品薯率高。

12. 松溪本地种

种质来源： 第三次全国农作物种质资源普查与收集行动
选育单位： 此为地方种质，选育单位未知
征集地点： 福建省松溪县
品种熟性： 中早熟
主要特征： 株型直立，叶片深绿色，茎绿色；在福建高海拔春种自然条件下开花频率中等，花粉活力高，花冠白色，花药黄色；薯块卵圆形，薯皮黄色，薯肉深黄色，芽眼较深，表皮光滑度中等。光发芽形状圆锥形，光发芽基部花青苷显色强，光发芽基部茸毛数量少。
优异性状： 食味品质优。

第二章 储备种质资源

在种质资源库中，核心种质资源是最受育种者和种质研究人员关注的材料，在作物育种和种质资源研究中被频繁利用，也为作物新品种选育和目标性状基因的精准鉴定和挖掘提供了基础。然而，在整个种质资源库中，核心种质资源是小数量的集合，尚未进入该集合的材料还占大多数，部分材料具有一定的潜在利用价值，我们称它们为储备种质资源。储备种质资源是种质资源库的重要组成部分，对拓宽育种资源遗传背景具有积极意义。虽然现阶段储备种质资源的重要性不如核心种质资源，有时候甚至被人们忽视，但是当未来生产环境或市场需求发生变化，如新病害、新品质要求出现，它们的作用将得以显现。本章包含的储备种质资源，主要考虑以下两个方面：一方面其相关性状不符合 当前或未来一段时间内福建省马铃薯产业的主要需求，不是当下的重点育种目标，或在杂交组配中效果不佳、应用较少；另一方面其含有的某些突出性状特点或存在尚未被发掘的优异特性，当前虽然还无法有效利用，但随着产业需求的变化、技术手段的升级，通过对它们进行更深入的挖掘，在未来某个阶段，储备种质资源的价值可能发挥关键作用。本章所列的储备种质资源主要包括部分国外和国内马铃薯育种单位选育的50个品种（系），如中薯系列、克新系列、龙薯系列、鄂薯系列、晋薯系列等，以及省内外科研单位通过种质资源普查收集获得的10个地方品种，由于来源信息不明，导致地方品种的选育单位和亲本信息未知。

1. Atlantic

种质来源：国家马铃薯种质资源试管苗库（克山）

选育单位：美国农业部

亲本组合：Wauseon × Lenape

主要特征：中晚熟，株型直立，叶片绿色，茎绿色，在福建高海拔春种自然条件下开花频率中等，花冠淡紫色；薯块圆形，薯皮黄色，薯肉白色，芽眼较浅，表皮光滑度中等。高淀粉。

2. Bzura

种质来源：宁夏农林科学院固原分院

选育单位：波兰马铃薯科学研究所

亲本组合：Pg232 × Prosna

主要特征：晚熟，株型直立，叶片绿色，茎绿色，在福建高海拔春种自然条件下开花频率低，花冠白色；薯块长卵圆形，薯皮黄色，薯肉黄色，芽眼深度中等，表皮光滑度中等。

3. Ewerest

种质来源：国家马铃薯种质资源试管苗库（克山）

选育单位：波兰马铃薯科学研究所

亲本组合：Erika × Merkur

主要特征：晚熟，株型直立，叶片绿色，茎绿色，在福建高海拔春种自然条件下开花频率低，花冠紫红色；薯块短卵圆形，薯皮黄色，薯肉白色，芽眼较深，表皮光滑度中等。

4. Kennebec

种质来源：国家马铃薯种质资源试管苗库（克山）

选育单位：美国农业部

亲本组合：USDA B 127×USDA 96-56

主要特征：中晚熟，株型直立，叶片绿色，茎绿色，在福建高海拔春种自然条件下开花频率低，花冠白色；薯块短卵圆形，薯皮黄色，薯肉浅黄色，芽眼较浅，表皮光滑。

5. NS51-5

种质来源：宁夏农林科学院固原分院

选育单位：湖北恩施中国南方马铃薯研究中心

亲本组合：NS8620122×NS78-22-1

主要特征：晚熟，株型半直立，叶片绿色，茎绿色，在福建高海拔春种自然条件下开花频率中等，花冠白色；薯块短卵圆形，薯皮黄色，薯肉深黄色，芽眼较浅，表皮粗糙。

6. Saco

种质来源：国家马铃薯种质资源试管苗库（克山）

选育单位：美国农业部、缅因州农业试验站

亲本组合：USDA96-56×USDA41956

主要特征：中晚熟，株型直立，叶片绿色，茎绿色，在福建高海拔春种自然条件下开花频率低，花冠紫色；薯块圆形，薯皮黄色，薯肉浅黄色，芽眼较深，表皮较粗糙。

7. Sebago

种质来源：国家马铃薯种质资源试管苗库（克山）

选育单位：美国农业部

亲本组合：Chippewa × katahdin

主要特征：中晚熟，株型直立，叶片绿色，茎绿色，在福建高海拔春种自然条件下开花频率低，花冠紫红色；薯块短卵圆形，薯皮黄色，薯肉白色，芽眼较浅，表皮光滑。

8. 北方007

种质来源：福建省马铃薯新品种展示征集

选育单位：河北北方学院、张家口弘基马铃薯良种繁育中心有限责任公司

亲本组合：春薯2号 × Wischip

主要特征：中早熟，株型直立，叶片绿色，茎绿色，在福建高海拔春种自然条件下不开花；薯块卵圆形，薯皮浅黄色，薯肉浅黄色，芽眼深度中等，表皮光滑度中等。高维生素C。

9. 北方010

种质来源：福建省马铃薯新品种展示征集

选育单位：河北北方学院、张家口弘基马铃薯良种繁育中心有限责任公司

亲本组合：844 × BFZY005

主要特征：中晚熟，株型直立，叶片绿色，茎绿色，在福建高海拔春种自然条件下开花频率高，花冠白色；薯块卵圆形，薯皮浅黄色，薯肉白色，芽眼较浅，表皮光滑。

10. 北方013

种质来源：福建省马铃薯新品种展示征集

选育单位：河北北方学院

亲本组合：90-2-10 × Manet

主要特征：中晚熟，株型直立，叶片绿色，茎绿色，在福建高海拔春种自然条件下不开花；薯块卵圆形，薯皮黄色，薯肉白色，芽眼深，表皮光滑度中等。

11. 德薯2号

种质来源：福建省马铃薯新品种展示征集

选育单位：德宏傣族景颇族自治州农业科学研究所、云南省农业科学院经济作物研究所

亲本组合：会-2 × PB06

主要特征：早熟，株型半直立，叶片绿色，茎绿色，在福建高海拔春种自然条件下不开花；薯块卵圆形，薯皮黄色，薯肉白色，芽眼浅，表皮光滑度中等。

12. 东农303

种质来源：宁夏农林科学院固原分院

选育单位：东北农业大学

亲本组合：白头翁 × 卡它丁

主要特征：早熟，株型直立，叶片绿色，茎绿色，在福建高海拔春种自然条件下开花频率低，花冠白色；薯块卵圆形，薯皮黄色，薯肉黄色，芽眼浅，表皮较粗糙。

13. 鄂马铃薯1号

种质来源： 福建省马铃薯新品种展示征集

选育单位： 湖北恩施中国南方马铃薯研究中心

亲本组合： 674-5×22-2

主要特征： 中早熟，株型半直立，叶片绿色，茎绿色，在福建高海拔春种自然条件下不开花；薯块短卵圆形，薯皮浅黄色，薯肉浅黄色，芽眼浅，表皮光滑。

14. 鄂马铃薯3号

种质来源： 国家马铃薯种质资源试管苗库（克山）

选育单位： 湖北恩施中国南方马铃薯研究中心

亲本组合： 7914-33×59-5-86

主要特征： 早熟，株型直立，叶片绿色，茎绿色，在福建高海拔春种自然条件下不开花；薯块卵圆形，薯皮黄色，薯肉黄色，芽眼浅，表皮光滑。

15. 鄂马铃薯10号

种质来源： 福建省马铃薯新品种展示征集

选育单位： 湖北恩施中国南方马铃薯研究中心、湖北清江种业有限责任公司

亲本组合： 文胜11×dorita5186

主要特征： 中熟，株型直立，叶片深绿色，茎绿色，在福建高海拔春种自然条件下开花频率高，花冠白色；薯块长卵圆形，薯皮黄色，薯肉浅黄色，芽眼较深，表皮光滑。

16. 鄂马铃薯13号

种质来源：福建省马铃薯新品种展示征集

选育单位：湖北恩施中国南方马铃薯研究中心、湖北清江种业有限责任公司

亲本组合：秦芋30号×59-5-86

主要特征：中晚熟，株型半直立，叶片绿色，茎绿带紫色，在福建高海拔春种自然条件下不开花；薯块短卵圆形，薯皮黄色，薯肉黄色，芽眼较深，表皮光滑。

17. 鄂马铃薯16号

种质来源：福建省马铃薯新品种展示征集

选育单位：湖北恩施中国南方马铃薯研究中心

亲本组合：T962-25×NS51-5

主要特征：中晚熟，株型半直立，叶片绿色，茎绿带褐色，在福建高海拔春种自然条件下开花频率低，花冠白色；薯块短卵圆形，薯皮黄色，薯肉浅黄色，芽眼深，表皮光滑。高维生素C。

18. 富金

种质来源：福建省马铃薯新品种展示征集

选育单位：本溪市马铃薯研究所

亲本组合：8837-2×尤金

主要特征：早熟，株型半直立，叶片绿色，茎绿色，在福建高海拔春种自然条件下不开花；薯块短卵圆形，薯皮浅黄色，薯肉浅黄色，芽眼较浅，表皮光滑。

19. 红美

　　种质来源： 福建省马铃薯新品种展示征集

　　选育单位： 内蒙古自治区农牧业科学院、内蒙古铃田生物技术有限公司

　　亲本组合： NS-3×LT301

　　主要特征： 中早熟，株型半直立，叶片绿色，茎绿带紫色，在福建高海拔春种自然条件下开花频率低，花冠白色；薯块长卵圆形，薯皮红色，薯肉红色，芽眼浅，表皮光滑。

20. 虎头

　　种质来源： 宁夏农林科学院固原分院

　　选育单位： 张家口市农业科学院

　　亲本组合： 紫山药×小叶子

　　主要特征： 中晚熟，株型直立，叶片绿色，茎绿带紫色，在福建高海拔春种自然条件下不开花；薯块卵圆形，薯皮黄色，薯肉浅黄色，芽眼较深、红色，表皮较粗糙。

21. 冀张薯8号

　　种质来源： 国家马铃薯种质资源试管苗库（克山）

　　选育单位： 张家口市农业科学院

　　亲本组合： 720087×X4.4

　　主要特征： 晚熟，株型直立，叶片绿色，茎绿色，在福建高海拔春种自然条件下开花频率中等，花冠白色；薯块短卵圆形，薯皮黄色，薯肉深黄色，芽眼浅，表皮光滑。

22. 晋薯2号

种质来源：中国农业科学院蔬菜花卉研究所

选育单位：山西省农业科学院高寒区作物研究所

亲本组合：Ebro × Industria

主要特征：中熟，株型直立，叶片绿色，茎绿色，在福建高海拔春种自然条件下开花频率低，花冠白色；薯块圆形，薯皮黄色，薯肉白色，芽眼较深，表皮较粗糙。

23. 晋薯6号

种质来源：宁夏农林科学院固原分院

选育单位：山西省农业科学院高寒区作物研究所

亲本组合：晋薯2号 × 燕子

主要特征：中晚熟，株型直立，叶片绿色，茎绿色，在福建高海拔春种自然条件下不开花；薯块短卵圆形，薯皮黄色，薯肉浅黄色，芽眼较浅，表皮光滑。

24. 晋薯7号

种质来源：福建省马铃薯新品种展示征集

选育单位：山西省农业科学院高寒区作物研究所

亲本组合：6401-3-35 × 燕子

主要特征：晚熟，株型直立，叶片绿色，茎绿色，在福建高海拔春种自然条件下开花频率中等，花冠白色；薯块圆形，薯皮黄色，薯肉黄色，芽眼深度中等，表皮光滑。

25. 晋薯15号

种质来源：福建省马铃薯新品种展示征集

选育单位：山西省农业科学院高寒区作物研究所

亲本组合：9341-14×9424-2

主要特征：中晚熟，株型直立，叶片深绿色，茎绿色，在福建高海拔春种自然条件下开花频率低，花冠白色；薯块短卵圆形，薯皮黄色，薯肉黄色，芽眼深度中等，表皮光滑。

26. 晋薯16号

种质来源：福建省马铃薯新品种展示征集

选育单位：山西省农业科学院高寒区作物研究所

亲本组合：NL94014×9333-11

主要特征：中晚熟，株型直立，叶片深绿色，茎绿色，在福建高海拔春种自然条件下开花频率中等，花冠白色；薯块短卵圆形，薯皮黄色，薯肉浅黄色，芽眼较浅，表皮光滑。

27. 克新4号

种质来源：宁夏农林科学院固原分院

选育单位：黑龙江省农业科学院克山分院

亲本组合：白头翁×卡它丁

主要特征：早熟，株型直立，叶片绿色，茎绿带紫色，在福建高海拔春种自然条件下不开花；薯块卵圆形，薯皮黄色，薯肉黄色，芽眼较深，表皮光滑度中等。

28. 克新16号

种质来源：宁夏农林科学院固原分院
选育单位：黑龙江省农业科学院克山分院
亲本组合：北方红 × 克BP9601
主要特征：中晚熟，株型半直立，叶片绿色，茎绿色，在福建高海拔春种自然条件下开花频率低，花冠浅紫色；薯块圆形，薯皮黄色，薯肉白色，芽眼浅，表皮较粗糙、有网纹。

29. 克新18号

种质来源：福建省马铃薯新品种展示征集
选育单位：黑龙江省农业科学院马铃薯研究所
亲本组合：EPOKA × 374-128
主要特征：中熟，株型直立，叶片绿色，茎绿带褐色，在福建高海拔春种自然条件下开花频率中等，花冠紫色；薯块卵圆形，薯皮黄色，薯肉浅黄色，芽眼浅，表皮光滑。

30. 克新19号

种质来源：宁夏农林科学院固原分院
选育单位：黑龙江省农业科学院克山分院
亲本组合：克新2号 × KPS92-1
主要特征：中熟，株型直立，叶片深绿色，茎绿色，在福建高海拔春种自然条件下开花频率低，花冠浅紫色；薯块圆形，薯皮黄色，薯肉浅黄色，芽眼浅，表皮光滑。

31. 龙薯4号

种质来源：福建省马铃薯新品种展示征集

选育单位：黑龙江省农业科学院经济作物研究所

亲本组合：中C9305-6×гибрид569N

主要特征：晚熟，株型直立，叶片绿色，茎绿色，在福建高海拔春种自然条件下开花频率低，花冠淡紫色；薯块短卵圆形，薯皮黄色，薯肉浅黄色，芽眼深度中等，表皮光滑度中等。

32. 龙薯10号

种质来源：福建省马铃薯新品种展示征集

选育单位：黑龙江省农业科学院经济作物研究所

亲本组合：春94-1×克新16号

主要特征：中早熟，株型半直立，叶片绿色，茎绿色，在福建高海拔春种自然条件下开花频率中等，花冠紫红色；薯块短卵圆形，薯皮浅黄色，薯肉白色，芽眼深度中等，表皮光滑。

33. 南中552

种质来源：宁夏农林科学院固原分院

选育单位：湖北恩施中国南方马铃薯研究中心

亲本组合：Capella×28672

主要特征：中早熟，株型直立，叶片绿色，茎绿色，在福建高海拔春种自然条件下开花频率低，花冠白色；薯块卵圆形，薯皮黄色，薯肉黄色，芽眼较浅，表皮光滑。

34. 黔芋9号

种质来源： 福建省马铃薯新品种展示征集

选育单位： 贵州省生物技术研究所、中国农业科学院蔬菜花卉研究所

亲本组合： Tacna × Victoria

主要特征： 晚熟，株型半直立，叶片绿色，茎绿色，在福建高海拔春种自然条件下开花频率中等，花冠紫色；薯块长卵圆形，薯皮黄色，薯肉黄色，芽眼浅，表皮光滑。

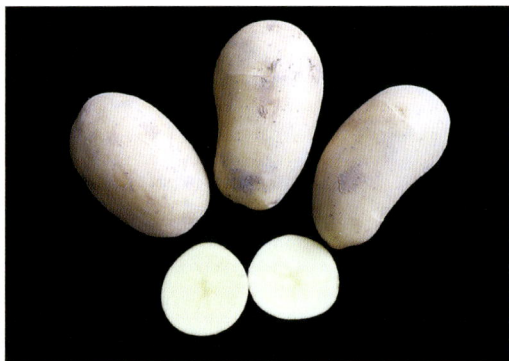

35. 同薯28号

种质来源： 福建省马铃薯新品种展示征集

选育单位： 山西省农业科学院高寒区作物研究所

亲本组合： 大西洋 × 8777

主要特征： 晚熟，株型直立，叶片深绿色，茎绿带紫色，在福建高海拔春种自然条件下开花频率中等，花冠白色；薯块短卵圆形，薯皮浅黄色，薯肉白色，芽眼深度中等，表皮光滑。

36. 土岩2号

种质来源： 福建省马铃薯新品种展示征集

选育单位： 吉林省雁鸣湖种业有限责任公司

亲本组合： 尤金 × 帕特兰德·戴尔

主要特征： 中晚熟，株型半直立，叶片淡绿色，茎绿色，在福建高海拔春种自然条件下开花频率低，花冠白色；薯块卵圆形，薯皮黄色，薯肉深黄色，芽眼较浅，表皮光滑。高维生素C。

37. 土岩5号

种质来源：福建省马铃薯新品种展示征集

选育单位：吉林省雁鸣湖种业有限责任公司

亲本组合：延薯9号×土岩2号

主要特征：中早熟，株型半直立，叶片绿色，茎绿色，在福建高海拔春种自然条件下开花频率低，花冠白色；薯块长卵圆形，薯皮黄色，薯肉黄色，芽眼浅，表皮光滑。

38. 延薯4号

种质来源：福建省马铃薯新品种展示征集

选育单位：延边朝鲜族自治州农业科学院

亲本组合：莫斯科列思基（品种）自然芽变

主要特征：中晚熟，株型直立，叶片绿色，茎绿带褐色，在福建高海拔春种自然条件下开花频率中等，花冠白色；薯块卵圆形，薯皮黄色，薯肉深黄色，芽眼较深，表皮较粗糙、有网纹。

39. 延薯9号

种质来源：福建省马铃薯新品种展示征集

选育单位：延边朝鲜族自治州农业科学院

亲本组合：延薯8号×早大白

主要特征：中晚熟，株型直立，叶片绿色，茎绿色，在福建高海拔春种自然条件下开花频率中等，花冠白色；薯块短卵圆形，薯皮黄色，薯肉浅黄色，芽眼较深，表皮光滑度中等。

40. 尤金

种质来源：国家马铃薯种质资源试管苗库（克山）

选育单位：本溪市马铃薯研究所

亲本组合：NS80-31×8023-10

主要特征：早熟，株型直立，叶片深绿色，茎绿带褐色，在福建高海拔春种自然条件下开花频率低，花冠白色；薯块长卵圆形，薯皮浅黄色，薯肉黄色，芽眼较浅，表皮光滑。

41. 云薯102

种质来源：国家马铃薯种质资源试管苗库（克山）

选育单位：云南省农业科学院经济作物研究所

亲本组合：S95-105×内薯7号

主要特征：中熟，株型半直立，叶片深绿色，茎绿色，在福建高海拔春种自然条件下开花频率中等，花冠白色；薯块卵圆形，薯皮黄色，薯肉浅黄色，芽眼较浅，表皮光滑。

42. 云薯103

种质来源：福建省马铃薯新品种展示征集

选育单位：云南省农业科学院经济作物研究所

亲本组合：合作23×昆引6号

主要特征：中晚熟，株型直立，叶片深绿色，茎绿带褐色，在福建高海拔春种自然条件下开花频率中等，花冠白色；薯块卵圆形，薯皮浅黄色，薯肉白色，芽眼较浅、紫色，表皮光滑。

43. 云薯201

种质来源：国家马铃薯种质资源试管苗库（克山）

选育单位：云南省农业科学院经济作物研究所

亲本组合：S95-105×内薯7号

主要特征：中熟，株型半直立，叶片深绿色，茎绿带紫色，在福建高海拔春种自然条件下开花频率低，花冠白色；薯块卵圆形，薯皮黄色，薯肉黄色，芽眼浅，表皮光滑。

44. 云薯505

种质来源：福建省马铃薯新品种展示征集

选育单位：云南省农业科学院经济作物研究所、德宏傣族景颇族自治州农业科学研究所

亲本组合：Serrana×YAKHANT

主要特征：中晚熟，株型直立，叶片深绿色，茎深绿色，在福建高海拔春种自然条件下不开花；薯块卵圆形，薯皮浅黄色，薯肉白色，芽眼较深，表皮光滑度中等。

45. 中薯2号

种质来源：中国农业科学院蔬菜花卉研究所

选育单位：中国农业科学院蔬菜花卉研究所

亲本组合：LT-2×DT033

主要特征：早熟，株型半直立，叶片绿色，茎绿色，在福建高海拔春种自然条件下开花频率低，花冠白色；薯块卵圆形，薯皮黄色，薯肉浅黄色，芽眼深度中等，表皮光滑。

46. 中薯8号

种质来源： 中国农业科学院蔬菜花卉研究所

选育单位： 中国农业科学院蔬菜花卉研究所

亲本组合： W953×FL475

主要特征： 早熟，株型直立，叶片绿色，茎绿色，在福建高海拔春种自然条件下开花频率低，花冠白色；薯块短卵圆形，薯皮黄色，薯肉浅黄色，芽眼浅，表皮光滑。

47. 中薯17号

种质来源： 中国农业科学院蔬菜花卉研究所

选育单位： 中国农业科学院蔬菜花卉研究所

亲本组合： 881-19×中薯6号

主要特征： 中晚熟，株型直立，叶片深绿色，茎绿带褐色，在福建高海拔春种自然条件下开花频率低，花冠白色；薯块短卵圆形，薯皮红色，薯肉浅黄色，芽眼较浅，表皮光滑。

48. 中薯18号

种质来源： 福建省马铃薯新品种展示征集

选育单位： 中国农业科学院蔬菜花卉研究所

亲本组合： C91.628×C93.154

主要特征： 中晚熟，株型直立，叶片深绿色，茎绿带褐色，在福建高海拔春种自然条件下开花频率中等，花冠紫色；薯块长卵圆形，薯皮浅黄色，薯肉黄色，芽眼浅，表皮光滑。

49. 中薯19号

种质来源：福建省马铃薯新品种展示征集

选育单位：中国农业科学院蔬菜花卉研究所

亲本组合：92.187×C93.154

主要特征：中晚熟，株型直立，叶片深绿色，茎绿带紫色，在福建高海拔春种自然条件下开花频率中等，花冠紫色；薯块短卵圆形，薯皮黄色，薯肉浅黄色，芽眼较深，表皮光滑。

50. 中薯26号

种质来源：福建省马铃薯新品种展示征集

选育单位：中国农业科学院蔬菜花卉研究所

亲本组合：C92.140×C93.154

主要特征：中晚熟，株型直立，叶片绿色，茎绿带紫色，在福建高海拔春种自然条件下开花频率中等，花冠紫色；薯块卵圆形，薯皮红色，薯肉黄色，芽眼浅，表皮光滑。高维生素C。

51. 巴山白

种质来源：国家马铃薯种质资源试管苗库（克山）

选育单位：此为地方种质，选育单位未知。

征集地点：重庆市巫溪县

主要特征：中晚熟，株型半直立，叶片绿色，茎绿色，在福建高海拔春种自然条件下开花频率中等，花冠白色；薯块短卵圆形，薯皮黄色，薯肉白色，芽眼较浅，表皮光滑。

52. 福鼎本地种

种质来源： 第三次全国农作物种质资源普查与收集行动

选育单位： 此为地方种质，选育单位未知

征集地点： 福建省福鼎市

主要特征： 中早熟，株型直立，叶片绿色，茎绿色，在福建高海拔春种自然条件下不开花；薯块短卵圆形，薯皮黄色，薯肉浅黄色，芽眼深度中等，表皮光滑度中等。

53. 河坝洋芋

种质来源： 国家马铃薯种质资源试管苗库（克山）

选育单位： 此为地方种质，选育单位未知

征集地点： 四川省叙永县

主要特征： 晚熟，株型直立，叶片绿色，茎绿色，在福建高海拔春种自然条件下开花频率中等，花冠浅紫色；薯块卵圆形，薯皮黄色，薯肉浅黄色，芽眼浅，表皮光滑。

54. 黄麻子

种质来源： 中国农业科学院蔬菜花卉研究所

选育单位： 此为地方种质，选育单位未知

征集地点： 黑龙江省望奎县

主要特征： 晚熟，株型半直立，叶片绿色，茎绿色，在福建高海拔春种自然条件下不开花；薯块短卵圆形，薯皮黄色，薯肉黄色，芽眼深，表皮较粗糙。

55. 剑川红

种质来源：国家马铃薯种质资源试管苗库（克山）

选育单位：此为地方种质，选育单位未知

征集地点：云南省剑川县

主要特征：晚熟，株型直立，叶片绿色，茎绿带褐色，在福建高海拔春种自然条件下不开花；薯块长卵圆形，薯皮红色，薯肉深黄色，芽眼浅，表皮光滑。

56. 尼尼洋芋

种质来源：国家马铃薯种质资源试管苗库（克山）

选育单位：此为地方种质，选育单位未知

征集地点：四川省盐源县

主要特征：晚熟，株型直立，叶片绿色，茎绿色，在福建高海拔春种自然条件下不开花；薯块长卵圆形，薯皮黄色，薯肉浅黄色，芽眼深，表皮粗糙。

57. 寿宁本地种

种质来源：第三次全国农作物种质资源普查与收集行动

选育单位：此为地方种质，选育单位未知

征集地点：福建省寿宁县

主要特征：中早熟，株型直立，叶片绿色，茎绿色，在福建高海拔春种自然条件下不开花；薯块圆形，薯皮浅黄色，薯肉浅黄色，芽眼较浅，表皮光滑度中等。

58. 乌洋芋

种质来源： 国家马铃薯种质资源试管苗库（克山）

选育单位： 此为地方种质，选育单位未知

征集地点： 四川省昭觉县

主要特征： 晚熟，株型直立，叶片绿色，茎绿色，在福建高海拔春种自然条件下不开花；薯块卵圆形，薯皮浅红色，薯肉浅黄色，芽眼较深，表皮光滑度中等。

59. 信宜红皮

种质来源： 国家马铃薯种质资源试管苗库（克山）

选育单位： 此为地方种质，选育单位未知

征集地点： 广东省信宜市

主要特征： 晚熟，株型半直立，叶片绿色，茎绿色，在福建高海拔春种自然条件下不开花；薯块圆形，薯皮红色，薯肉浅黄色，芽眼深，表皮光滑度中等。

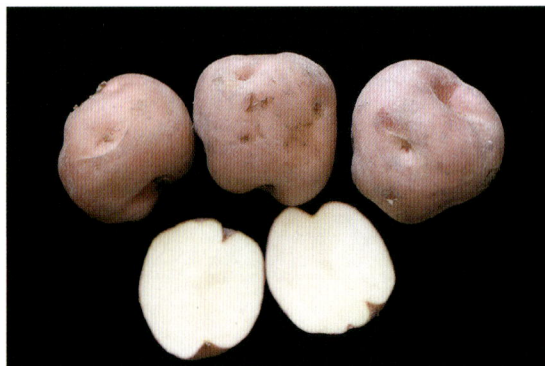

60. 永泰本地种

种质来源： 第三次全国农作物种质资源普查与收集行动

选育单位： 此为地方种质，选育单位未知

征集地点： 福建省永泰县

主要特征： 中早熟，株型直立，叶片绿色，茎绿色，在福建高海拔春种自然条件下不开花；薯块短卵圆形，薯皮浅黄色，薯肉浅黄色，芽眼深度中等，表皮较光滑。

第三章 抗晚疫病种质资源

晚疫病是一种由致病疫霉（*Phytophora infestans*）引起的世界性病害，是马铃薯生产中最严重的病害之一。晚疫病在我国马铃薯各产区均有发生，发病地块一般减产10%～20%，严重时减产50%以上甚至绝收，常给种植户造成重大损失，是制约马铃薯产业健康发展的重要因素。在福建省，冬种马铃薯生长后期和春种马铃薯生长旺期常遇连续降雨，且该时期温度适宜病害发生，常导致马铃薯晚疫病的发生和流行。随着福建省马铃薯引种和育种进程的加快，加上冬种马铃薯效益的提升，福建马铃薯产业呈现良好发展态势，然而闽薯1号、费乌瑞它等主栽品种不抗晚疫病或抗病性不强，加上春季多雨潮湿的天气，造成马铃薯晚疫病各年份均有不同程度发生。在2012年和2013年，福建省马铃薯晚疫病大暴发，造成严重减产，在春种区部分农田甚至绝收。在马铃薯晚疫病的防治中，培育和应用抗病品种是最根本途径，但由于田间马铃薯晚疫病菌群体遗传结构的改变，常导致品种抗性丧失。引进筛选马铃薯抗晚疫病种质，特别是具有水平抗性的种质资源，对抗晚疫病新品种的选育具有重要意义。前期我们团队参照《马铃薯抗晚疫病室内鉴定技术规程》（NY/T 3063—2016），结合实际建立了福建省马铃薯晚疫病鉴定方法，利用该方法对引进的一批CIP及国内育种单位育成品种进行了晚疫病抗性鉴定，获得了22份具有较好抗性的种质资源，以供科研人员、生产种植户和技术推广人员参考使用。

一、马铃薯晚疫病抗性鉴定方法

1. 试剂与材料

（1）15%二甲亚砜（DMSO）溶液　在烧杯中加入85mL灭菌水和15mL二甲亚砜，混匀，4℃冰箱保存。

（2）抗生素母液　将氨苄青霉素（2.0g）、利福平（0.2g，先溶于少量二甲亚砜中搅拌至溶解）、制霉菌素（1.0g）分别溶于少量水中，溶解后加水定溶至100mL，制成3种抗生素母液，经细菌过滤器过滤后储存于4℃冰箱中备用。

（3）培养基

①黑麦培养基。取60g黑麦粒，用水浸泡24～36h后，捣碎、过滤，取浸泡水和滤液，加水定容至1 000mL。加入20g蔗糖、15g琼脂粉，加热并搅拌至琼脂完全融化，后于（121±1）℃条件下高压灭菌15min。

②选择性黑麦培养基。取100mL灭菌黑麦培养基，冷却至约50℃，后加入3种抗生素母液各1mL，使培养基中氨苄青霉素、利福平和制霉菌素的浓度分别为200 μg/mL、20 μg/mL和100 μg/mL。

③黑麦粒培养基。在50mL离心管中加入3.3g黑麦粒和20mL水，浸泡12h，于（121±1）℃条件下高压灭菌15min。

（4）对照品种　以马铃薯晚疫病感病品种费乌瑞它为对照。

（5）栽培基质　以蔬菜育苗基质作为盆栽栽培基质。

（6）其他用品　托盘、培养皿、烧杯、离心管、量筒、锥形瓶、纱布、滤纸、细菌过滤器、小型手持喷雾器、育苗钵等。

2. 鉴定所需的设施设备

人工接种鉴定室、超净工作台、恒温培养箱、高压灭菌锅、显微镜、电子天平、捣碎机、移液枪等。

3. 鉴定方法（盆栽喷雾法）

（1）材料种植　以脱毒组培苗为材料，炼苗一周后，移栽至装有蔬菜育苗基质的塑料钵内，每钵种植1株，生长温度保持在18～25℃，常规水肥管理，自然光照。待幼苗长到7～10片复叶时，选择生长一致、健壮的幼苗用于抗病性鉴定。每份鉴定种质10株一组，3个重复，随机排列。

（2）接种　将在大棚内生长1.5～2个月的幼苗移到人工接种鉴定室进行喷雾接种，以叶片布满菌液但无滴落为标准。接种液浓度为每毫升8×10^3个孢子囊。

（3）接种后管理　接种后在100%相对湿度下保湿48h后，将相对湿度降为70%左右。接种期间温度保持在15～20℃，每天光照16h。发病后继续保持100%的相对湿度，24h后进行调查。

（4）病情调查

①病情级别划分。接种后6～7d，以植株为单位调查每份材料接种后植株发病情况，根据下表进行病情级别划分。

病情级别划分表

病情级别	症状描述
0	全株叶片无病斑
1	1/5以下叶片上有个别病斑，茎秆无病斑
3	病叶占全株总叶片数的1/4以下，或植株上部茎秆有个别小病斑
5	病叶占全株总叶片数的1/4～1/2，或植株上部茎秆有扩展型病斑
7	病叶占全株总叶片数的1/2以上，或植株中下部茎秆上有较大病斑
9	全株叶片几乎都有病斑，或大部分叶片枯死，甚至茎部枯死

②病情指数计算。按以下公式计算病情指数（DI）。

$$DI = \frac{\sum (s \times n)}{N \times S} \times 100$$

式中：DI为病情指数，s为各病情级别数值，n为各病情级别的病叶（株）数，N为调查的总叶（株）数，S为病情级别的最高数值。

（5）**鉴定材料处理** 鉴定完毕后，将马铃薯发病植株、残体集中进行无害化处理，用于鉴定的育苗基质采用高温灭菌。

4.抗病性评价

（1）评价标准

马铃薯晚疫病抗性评价标准

病情指数（DI）	抗性评价
DI ≤ 1	高抗（HR）
1<DI ≤ 10	抗病（R）
10<DI ≤ 20	中抗（MR）
20<DI ≤ 30	中感（MS）
30<DI ≤ 40	感病（S）
DI>40	高感（HS）

（2）**鉴定有效性判别** 根据感病对照植株的发病情况来判别鉴定有效性。当感病对照植株病情指数（DI）大于30时，该批次鉴定结果视为有效。

二、抗晚疫病种质资源

（一）高抗晚疫病资源

1. CIP 1

国际马铃薯中心资源（编号388611.22），从中国农业科学院蔬菜花卉研究所引进；薯块短卵圆形，薯皮黄色，薯肉黄色，芽眼较浅，表皮光滑度中等；晚疫病抗性鉴定结果为高抗。

2. CIP 30

国际马铃薯中心资源（编号393079.4），从中国农业科学院蔬菜花卉研究所引进；薯块短卵圆形，薯皮浅黄色，薯肉白色，芽眼浅，表皮光滑；抗PVX和PLRV，晚疫病抗性鉴定结果为高抗。

3. CIP 34

国际马铃薯中心资源（编号393280.57），从中国农业科学院蔬菜花卉研究所引进；薯块卵圆形，薯皮红色，薯肉黄色，芽眼较深，表皮光滑度中等；晚疫病抗性鉴定结果为高抗。

4. CIP 58

国际马铃薯中心资源（编号395169.4），从中国农业科学院蔬菜花卉研究所引进；薯块圆形，薯皮黄色，薯肉黄色，芽眼深度中等、红色，表皮光滑度中等；晚疫病抗性鉴定结果为高抗。

（二）抗晚疫病资源

1. 云薯104

由云南省农业科学院经济作物研究所选育，通过福建省马铃薯新品种展示征集引进；薯块长卵圆形，薯皮黄色，薯肉白色，芽眼较浅，表皮光滑；晚疫病抗性鉴定结果为抗。

2. 福彩

地方品种，通过第三次全国农作物种质资源普查与收集行动采集；薯块卵圆形，薯皮红色，薯肉红色，芽眼浅，表皮较粗糙、有网纹；晚疫病抗性鉴定结果为抗。

3. S03-2744

由云南省农业科学院经济作物研究所选育的中间材料，通过种质资源交流引进；薯块卵圆形，薯皮红色，薯肉部分红色，芽眼深度中等，表皮光滑度中等；晚疫病抗性鉴定结果为抗。

4. CIP 13

国际马铃薯中心资源（编号391585.5），从中国农业科学院蔬菜花卉研究所引进；薯块短卵圆形，薯皮红褐色，薯肉黄色，芽眼深、紫色，表皮光滑度中等；晚疫病抗性鉴定结果为抗。

5. CIP 14

国际马铃薯中心资源（编号391919.3），从中国农业科学院蔬菜花卉研究所引进；薯块短卵圆形，薯皮黄色，薯肉浅黄色，芽眼浅，表皮光滑度中等；晚疫病抗性鉴定结果为抗。

6. CIP 18

国际马铃薯中心资源（编号392633.54），从中国农业科学院蔬菜花卉研究所引进；薯块短卵圆形，薯皮黄色，薯肉浅黄色，芽眼浅，表皮光滑；抗PVX，晚疫病抗性鉴定结果为抗。

7. CIP 52

国际马铃薯中心资源（编号395109.34），从中国农业科学院蔬菜花卉研究所引进；薯块长卵圆形，薯皮黄色，薯肉黄色，芽眼浅，表皮光滑；晚疫病抗性鉴定结果为抗。

8. CIP 53

国际马铃薯中心资源（编号395111.13），从中国农业科学院蔬菜花卉研究所引进；薯块卵圆形，薯皮浅红色，薯肉浅黄色，芽眼深度中等，表皮较粗糙；晚疫病抗性鉴定结果为抗。

9. CIP 55

国际马铃薯中心资源（编号395112.36），从中国农业科学院蔬菜花卉研究所引进；薯块卵圆形，薯皮浅红色，薯肉黄色，芽眼浅、红色，表皮较粗糙；晚疫病抗性鉴定结果为抗。

10. CIP 94

国际马铃薯中心资源（编号396286.7），从中国农业科学院蔬菜花卉研究所引进；薯块圆形，薯皮红褐色，薯肉黄色，芽眼深，表皮较粗糙；晚疫病抗性鉴定结果为抗。

（三）中抗晚疫病资源

1. 紫云1号

由云南省农业科学院经济作物研究所选育，通过福建省马铃薯新品种展示征集引进；薯块短卵圆形，薯皮紫色，薯肉紫色，芽眼深度中等，表皮较粗糙；晚疫病抗性鉴定结果为中抗。

2. 老林洋芋

地方品种，从国家马铃薯种质资源试管苗库（克山）引进；薯块卵圆形，薯皮黄色，薯肉浅黄色，芽眼浅，表皮光滑；晚疫病抗性鉴定结果为中抗。

3. 粉薯

地方品种，从国家马铃薯改良中心固原分中心引进；薯块长卵圆形，薯皮红色，薯肉红色，芽眼较浅，表皮光滑度中等；晚疫病抗性鉴定结果为中抗。

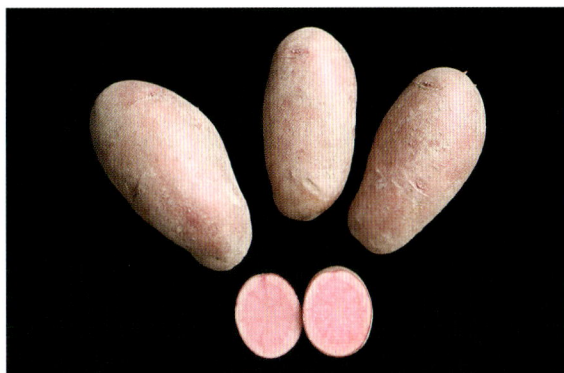

4. CIP 10

国际马铃薯中心资源（编号391562.6），从中国农业科学院蔬菜花卉研究所引进；薯块卵圆形，薯皮浅黄色，薯肉浅黄色，芽眼浅，表皮光滑；晚疫病抗性鉴定结果为中抗。

5. CIP 11

国际马铃薯中心资源（编号391585.167），从中国农业科学院蔬菜花卉研究所引进；薯块卵圆形，薯皮浅黄色，薯肉浅黄色，芽眼较浅，表皮光滑度中等；晚疫病抗性鉴定结果为中抗。

6. CIP 20

国际马铃薯中心资源（编号392637.1），从中国农业科学院蔬菜花卉研究所引进；薯块卵圆形，薯皮黄色，薯肉黄色，芽眼浅，表皮光滑；抗PVX，晚疫病抗性鉴定结果为中抗。

7. CIP 44

国际马铃薯中心资源（编号394906.6），从中国农业科学院蔬菜花卉研究所引进；薯块圆形，薯皮黄色，薯肉浅黄色，芽眼浅，表皮光滑度中等；晚疫病抗性鉴定结果为中抗。

8. CIP 66

国际马铃薯中心资源（编号395197.5），从中国农业科学院蔬菜花卉研究所引进；薯块卵圆形，薯皮黄色，薯肉深黄色，芽眼较浅，表皮较粗糙、麻皮；晚疫病抗性鉴定结果为中抗。

第四章 耐寒种质资源

冬作区马铃薯种植时间正处于南方冬季低温季节，生产上常遭遇霜冻灾害。福建省作为我国典型的冬作区马铃薯种植区域，数十年来，每3～5年即发生一次较为严重的马铃薯霜冻灾害。受全球气候变化影响，极端天气发生的频率增加，福建省冬种马铃薯发生大面积霜冻灾害的次数也明显增多，2015年、2016年、2018年、2021年均有发生较严重的霜冻。霜冻已成为影响福建省马铃薯产业可持续发展的主要因素之一。近年来，福建马铃薯生产规模化程度不断提升，种植几百亩*甚至上千亩的专业合作社数量逐年增加；另外，种植成本逐年增高，每亩成本在3 500元左右，部分区域已超5 000元。因此，在规模化种植和高成本背景下，霜冻灾害会给农户带来巨大损失。目前，马铃薯霜冻防控措施有灌水保温、熏烟驱霜、覆盖防霜、喷药防霜和及时洗霜等，但多年生产实践表明，培育和利用耐寒品种是应对霜冻最为可靠、有效和经济的方法。目前，福建省主要种植闽薯1号及荷兰薯系列等品种，但这些品种均不耐霜冻。因此，加强耐寒马铃薯种质资源的引进、评价和创新利用工作，选育推广耐寒新品种，对保障福建省马铃薯产业稳定发展，降低广大农户种植风险，提高农民收入具有重要意义。为此，近年来我们围绕马铃薯耐寒种质资源引进和评价开展了初步研究，参考国内同行公开资料并结合福建省实际，建立了马铃薯耐寒鉴定方法，筛选出4份较为耐寒的种质资源。未来，在已有基础上要进一步强化耐寒种质资源创新工作，助推耐寒新品种选育。

---

* 亩为非法定计量单位，1亩＝1/15hm²。——编者注

一、马铃薯耐寒鉴定方法（电导率法）

1. 试剂与材料

（1）低温恒温槽　程序控温型低温恒温槽（CC-K20）。

（2）33%乙二醇（ethylene glycol）溶液　在低温恒温槽中加入33%的乙二醇，加到恒温槽刻度线。

（3）MS培养基　将MS培养基粉末定容至1 000mL，调节pH为5.9，加热并搅拌至琼脂完全融化后，于（121±1）℃高压灭菌15min。

（4）对照品种　以马铃薯低温敏感品种费乌瑞它和抗寒材料 S.commersonii 为对照品种。

（5）栽培基质　以蔬菜育苗基质作为盆栽栽培基质。

（6）其他用品　组培瓶、托盘、烧杯、量筒、锥形瓶、试管架、分液器、电导率仪、育苗钵、镊子、试管架等。

2. 鉴定所需的设施设备

植物生长室、分液器、电导率仪、摇床、水浴锅。

3. 鉴定方法（电导率法）

（1）材料种植　以培养4周左右的脱毒组培苗为材料，炼苗一周后，移栽至装有蔬菜育苗基质的塑料钵内，每钵种植1株，每份材料6株。生长温度保持在18～25℃，常规水肥管理，自然光照。种植4周后，选择倒数第2至第4片复叶用于耐寒性鉴定。

（2）离体叶片低温处理　在早上7点左右取材料叶片，取倒数第2至第4片复叶上成熟的顶端功能叶片，用冰敷的方法保持剪下叶片的新鲜度。

①取试管架7个，分别编号1、2、3、4、5、6、7，对应温度为0℃、−1℃、−2℃、−3℃、−4℃、−5℃、−7℃，将试管三个一组按照一一对应的原则放入试管架，每个试管内用移液枪打入0.5mL的单蒸水。

②将叶片用单蒸水清洗干净后，用吸水纸擦干表面水分，放入试管内，叶片背部贴壁，叶柄朝下，叶基部沾水。

③试管置于低温水浴槽中。水浴槽的原始温度设为0℃，经15min后降到0℃，30min后降至　1℃，此时开始加入用PCR板制作的小冰块，−1℃保持60min。随后保持1℃/h的降温速率，在加冰后，按照每个温度点处理60min的原则进行冷冻，到达相应时间后将试管取出，放在冰盒上。

④全部取出后，放冰上过夜解冻。用移液器向每根试管里面分别加入9.5mL的蒸馏水，放置在水平摇床上，设置参数160r/min处理2h；静置后用电导仪（雷磁，DDSJ−318T型电导率仪）分别测定对照的电导率 $R0$ 和样品电导率 $R1$，沸水浴30min冷却至室温后测量样品总电导率 $R2$，电解质渗透率为（$R1$ − $R0$）/（$R2$ − $R0$），通过拟合Logistic方程，电解质渗透率为50%时对应的温度即为半致死温度。

4. 耐寒性分级

将马铃薯对低温的敏感程度与 LT_{50} 的鉴定结果相结合分为三个类别：敏感（S），$-3℃ < LT_{50}$；中抗（MR），$-4℃ < LT_{50} \leqslant -3℃$；抗寒（R），$LT_{50} \leqslant -4℃$。

马铃薯耐寒性评价标准

病情指数（LT_{50}）	抗性评价
$-3℃ < LT_{50}$	敏感（S）
$-4℃ < LT_{50} \leqslant -3℃$	中抗（MR）
$LT_{50} \leqslant -4℃$	抗（R）

二、耐寒种质资源

❶ Alaska Frostless

　　由美国阿拉斯加农业试验站选育，从华中农业大学园艺林学学院引进；薯块短卵圆形，薯皮黄色，薯肉白色，芽眼深度中等，表皮光滑度中等；耐寒性鉴定结果为抗。

❷ 郑薯6号

　　由郑州市蔬菜研究所选育，从中国农业科学院蔬菜花卉研究所引进；薯块卵圆形，薯皮浅黄色，薯肉浅黄色，芽眼浅，表皮光滑；耐寒性鉴定结果为中抗。

3. 广西耐寒

地方品种，通过种质资源交流引进；薯块卵圆形，薯皮黄色，薯肉浅黄色，芽眼深度中等，表皮光滑；耐寒性鉴定结果为中抗。

4. 闽128001

由福建农业科学院作物研究所创制的中间材料；薯块短卵圆形，薯皮黄色，薯肉浅黄色，芽眼浅，表皮光滑度中等；耐寒性鉴定结果为中抗。

第五章 优异中间材料

中间材料是因具有某些突出特点但不符合当前育种目标或综合性状欠缺而未成为品种的杂交后代。虽然不能在生产上直接利用，但其具有某些优异性状，可作为杂交亲本使用，因此中间材料也是种业创新的物质基础，是种质资源库的组成部分。通过创制优异中间材料，可有意识地调节种质资源的内部差异，丰富遗传多样性，有助于解决种质资源遗传基础狭窄的问题。另外，部分具有特异性状的中间材料可为产业适应未来气候变化和市场需求变化提供材料基础。前期通过对马铃薯种质资源的引进与鉴定，已发掘出一批在熟性、产量、品质和抗病性方面表现优良的种质资源，为创制目标性状材料奠定了基础。基于构建的马铃薯高山杂交育种技术体系，选择性状表现突出、优势互补的种质资源配制杂交组合，通过对杂交后代进行多年多点的鉴定评价，筛选获得一批在特定性状表现优异的后代品系，但由于丰产性、商品性或抗病性达不到要求，导致其无法在生产上推广应用，因此作为优异中间材料保存利用。本章介绍的优异中间材料共有18份，既包括丰产性好、外观品质佳、适应性较广等符合当前福建省马铃薯产业主流需求的材料，也包括维生素C含量高、花青素含量高、钾含量高等契合健康消费需求的营养功能型材料。这些优异中间材料的获得，有效丰富了种质资源库，也为未来多样化市场需求提供了种质资源储备。

1. 闽056009

亲本组合：Lady Rosetta × Kennebec

主要特征：中早熟，株型直立，叶片绿色，茎绿带褐色，在福建高海拔春种自然条件下开花频率高，花冠紫色；薯块卵圆形，薯皮红色，薯肉黄色，芽眼浅，表皮光滑。

优异性状：商品薯率高、外观品质佳、薯块整齐。

2. 闽067001

亲本组合：Asterix × Felsina

主要特征：中早熟，株型半直立，叶片绿色，茎绿色，在福建高海拔春种自然条件下不开花；薯块长卵圆形，薯皮红色，薯肉深黄色，芽眼浅，表皮光滑。

优异性状：外观品质佳、结薯集中、高维生素C。

3. 闽178057

亲本组合：Adirondack Blue × Shetland Blue

主要特征：中早熟，株型直立，叶片绿色，茎绿带褐色，在福建高海拔春种自然条件下不开花；薯块卵圆形，薯皮红色，薯肉红色，芽眼深度中等，表皮光滑。

优异性状：外观品质佳、高花青素。

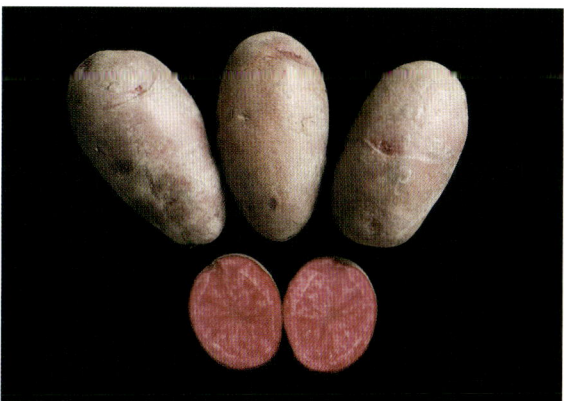

4. 闽178058

亲本组合： Adirondack Blue × Shetland Blue

主要特征： 中早熟，株型直立，叶片绿色，茎绿带褐色，在福建高海拔春种自然条件下开花频率中等，花冠白色；薯块卵圆形，薯皮红色，薯肉浅红色，芽眼浅，表皮光滑。

优异性状： 丰产性好、外观品质佳、薯块整齐、高维生素C。

5. 闽183074

亲本组合： Kerry Blue × Adirondack Blue

主要特征： 中早熟，株型直立，叶片深绿色，茎绿带紫色，在福建高海拔春种自然条件下开花频率低，花冠白色；薯块长卵圆形，薯皮紫色，薯肉紫色，芽眼较深，表皮光滑度中等。

优异性状： 高花青素、高维生素C。

6. 闽328208

亲本组合： Calwhite × 中薯3号

主要特征： 中早熟，株型直立，叶片绿色，茎绿色，在福建高海拔春种自然条件下开花频率中等，花冠白色；薯块卵圆形，薯皮黄色，薯肉浅黄色，芽眼浅，表皮光滑。

优异性状： 丰产性好、高维生素C、高钾。

7. 闽334204

亲本组合： Disco×中薯3号

主要特征： 中早熟，株型直立，叶片绿色，茎绿色，在福建高海拔春种自然条件下不开花；薯块长卵圆形，薯皮黄色，薯肉黄色，芽眼浅，表皮光滑。

优异性状： 高维生素C、高钾。

8. 闽365376

亲本组合： Rose Gold×中薯3号

主要特征： 中早熟，株型直立，叶片绿色，茎绿色，在福建高海拔春种自然条件下开花频率中等，花冠白色；薯块短卵圆形，薯皮黄色，薯肉黄色，芽眼深度中等，表皮光滑。

优异性状： 丰产性好、适应性较广。

9. 闽378245

亲本组合： 转心乌×F93043

主要特征： 中早熟，株型直立，叶片绿色，茎绿带褐色，在福建高海拔春种自然条件下不开花；薯块长卵圆形，薯皮紫红色，薯肉浅黄色（部分紫色），芽眼浅，表皮光滑度中等。

优异性状： 薯块整齐、商品薯率高、高维生素C。

10. 闽424085

亲本组合：富薯 1 号 × 11933-1

主要特征：中早熟，株型直立，叶片深绿色，茎绿色，在福建高海拔春种自然条件下开花频率低，花冠淡紫色；薯块短卵圆形，薯皮黄色，薯肉黄色，芽眼深度中等，表皮光滑度中等。

优异性状：丰产性好、适应性较广。

11. 闽001019

亲本组合：M15 × H32

主要特征：早熟，株型半直立，叶片绿色，茎绿带褐色，在福建高海拔春种自然条件下不开花；薯块卵圆形，薯皮紫色，薯肉紫色，芽眼深度中等，表皮光滑。

优异性状：外观品质佳、高花青素。

12. 闽020008

亲本组合：闽薯4号 × 中龙薯1号

主要特征：中早熟，株型直立，叶片绿色，茎绿色，在福建高海拔春种自然条件下开花频率低，花冠淡紫色；薯块卵圆形，薯皮黄色，薯肉黄色，芽眼浅，表皮光滑。

优异性状：丰产性好、结薯集中。

13. 闽020064

亲本组合：闽薯4号×中龙薯1号

主要特征：中早熟，株型半直立，叶片绿色，茎绿色，在福建高海拔春种自然条件下不开花；薯块短卵圆形，薯皮黄色，薯肉浅黄色，芽眼较浅，表皮光滑度中等。

优异性状：丰产性好。

14. 闽020068

亲本组合：闽薯4号×中龙薯1号

主要特征：中早熟，株型直立，叶片绿色，茎绿色，在福建高海拔春种自然条件下不开花；薯块短卵圆形，薯皮浅黄色，薯肉浅黄色，芽眼深度中等，表皮光滑度中等。

优异性状：丰产性好、结薯集中。

15. 闽020076

亲本组合：闽薯4号×中龙薯1号

主要特征：中早熟，株型直立，叶片绿色，茎绿色，在福建高海拔春种自然条件下不开花；薯块卵圆形，薯皮黄色，薯肉浅黄色，芽眼较浅，表皮光滑。

优异性状：丰产性好、适应性较广。

16. 闽030001

亲本组合：393079.4×396285.1

主要特征：中早熟，株型直立，叶片绿色，茎绿色，在福建高海拔春种自然条件下开花频率中等，花冠淡紫色；薯块短卵圆形，薯皮黄色，薯肉浅黄色，芽眼深度中等、紫色，表皮光滑。

优异性状：丰产性好、食味品质优。

17. 闽008003

亲本组合：CIP 11×天薯10号

主要特征：中早熟，株型直立，叶片深绿色，茎绿带褐色，在福建高海拔春种自然条件下开花频率高，花冠白色；薯块卵圆形，薯皮黄色，薯肉浅黄色，芽眼浅，表皮光滑。

优异性状：丰产性好、外观品质佳。

18. 闽021001

亲本组合：CIP 71×CIP 55

主要特征：中早熟，株型直立，叶片绿色，茎绿色，在福建高海拔春种自然条件下不开花；薯块卵圆形，薯皮黄色，薯肉浅黄色，芽眼浅，表皮光滑。

优异性状：丰产性好。

第六章 育成品种

适宜的优良品种是农业产业可持续发展的关键，然而福建省马铃薯产业多年曾受无自育品种之苦。长期以来，生产中使用的品种主要来自国内外，而外来的品种往往存在"水土不服"的情况，在高温高湿条件下易引发种性退化等问题。因此，选育适合福建特殊生态气候条件的马铃薯品种尤为重要。早在20世纪60年代初，福建便有计划地启动了马铃薯育种科研工作，但因为自然气候条件马铃薯开花结实难，杂交育种难有突破。21世纪初，福建省农业科学院作物研究所启动马铃薯育种技术攻关，经过多年探索，建立了以合理育种目标制定、亲本高效鉴定、高海拔温室杂交、光温湿调控、后代多点选拔、病毒检测为核心的适合福建省的马铃薯高山杂交育种技术体系，解决了马铃薯育种可用亲本资源匮乏、开花结实难、后代种性退化快等系列问题。其间，福建农林大学农学院、泉州市农业科学研究所、龙岩市农业科学研究所、福建闽诚农业发展有限公司等省内农业科研单位和种业企业陆续开展马铃薯新品种选育工作，各单位在福建省种业创新与产业化工程、福建省科技重大专项等项目支持下，携手攻关，广泛开展马铃薯种质资源共享、杂交技术交流与合作育种。经过多年努力，实现了福建省自育马铃薯新品种"零"的突破，并实现产业化应用，累计育成通过审定或登记且在生产上应用的自育品种17个，其中闽薯1号是福建省推广面积最大的马铃薯品种，2023年入选《国家农作物优良品种推广目录》。近年来，自育新品种在生产上得到大面积推广应用，据福建省种业管理部门数据，自育品种在福建省内的播种面积占比由2007年的1.1%增加到2022年的65.9%，种业自主创新取得显著进展，为福建省马铃薯产业高质量发展提供了重要的科技支撑。

1. 闽薯1号

选育单位： 福建省龙岩市农业科学研究所、福建省农业科学院作物研究所

审定（登记）情况： 闽审薯2008011、GPD马铃薯（2018）350072

品种类型： 鲜食型

亲本组合： 费乌瑞它 × 大西洋

品种特点： 该品种生育期86d，株型直立，平均株高39cm，叶片绿色，茎绿色，有落蕾，花冠白色。薯块长卵圆形，薯皮黄色，薯肉黄色，芽眼浅，表皮光滑。结薯较早而集中，薯块整齐，大中薯率86.1%，鲜薯干物质含量17.74%，淀粉含量13.80%，蛋白质含量1.80%，每100g鲜薯维生素C含量16.8mg，还原糖含量0.55%，食用品质好。中感晚疫病。

区试表现： 2004—2006年参加福建省品种区域试验，第1生长周期平均鲜薯亩产1 689.5kg，比对照品种紫花851增产8.0%；第2生长周期平均鲜薯亩产1 875.7kg，比对照品种紫花851增产5.5%。两年平均鲜薯亩产1 872.6kg，比对照品种紫花851增产6.7%。

栽培技术要点：

（1）选择耕作层深厚、土质疏松、富含有机质，以及排灌便利的地块种植，忌与茄科作物连作。

（2）适时播种，春种播期一般为2—3月，冬种播期一般为11月至翌年1月；选择优质无病的脱毒种薯，带芽、切块播种，确保每个薯块至少包含1个芽眼，播前用杀菌剂拌种。

（3）合理密植，一般种植密度为春种每亩4 000～4 500株，冬种每亩4 500～5 000株。田块深耕松土后起垄，单垄双行种植，株距20～25cm。

（4）科学施肥，氮、磷、钾比例以1：0.57：1.59为宜，基肥每亩增施500kg有机肥，及时追肥；前期应早除草、中耕培土，及时灌排水，以及注意防治蚜虫、叶蝉等虫害；中后期主要防治晚疫病、青枯病等病害。

（5）适时收获，当地上部大多数茎叶开始落黄衰老时，择晴抢收，去土晾干后及时装袋。

适宜种植区域及季节：适宜在福建春、冬季种植。

注意事项：中后期注意防控晚疫病，避免在晚疫病重灾区种植。

2. 闽薯2号

选育单位：福建省农业科学院作物研究所

审定（登记）情况：GPD马铃薯（2018）350088

品种类型：鲜食型

亲本组合：金冠×389746.2

品种特点：该品种生育期89d，株型直立，平均株高50cm，叶片深绿色，茎绿色，花冠白色。薯块短卵圆形，薯皮黄色，薯肉黄色，芽眼浅，表皮光滑。大中薯率87.2%，鲜薯干物质含量17.78%，淀粉含量10.63%，蛋白质含量1.90%，每100g鲜薯维生素C含量24.0mg，还原糖含量0.84%，食用品质好。感晚疫病，中抗早疫病，中抗花叶病毒病（PVX），中抗重花叶病毒病（PVY）。较耐寒。

区试表现：2014—2016年参加福建省品种区域试验，第1生长周期平均鲜薯亩产2 326.2kg，比对照品种紫花851增产22.1%；第2生长周期平均鲜薯亩产1 676.4kg，比对照品种紫花851增产41.1%。两年平均鲜薯亩产2 001.3kg，比对照品种紫花851增产29.4%。

栽培技术要点：

（1）选择耕作层深厚、土质疏松，富含有机质，以及排灌便利的地块种植，忌与茄科作物连作。

（2）适时播种，春种播期一般为2—3月，冬种播期一般为11月至翌年1月；选择优质无病的脱毒种薯，带芽、切块播种，确保每个薯块至少包含1个芽眼，播前用杀菌剂拌种。

（3）适当密植，一般种植密度为春种每亩4 200～4 500株，冬种每亩5 000～5 500株。田块深耕松土后起垄，单垄双行种植。

（4）科学施肥，基肥每亩增施500kg有机肥，注意增施钾肥，幼苗出土后及时追施尿素等速效肥；前期应早除草、中耕培土，及时灌排水，以及注意防治蚜虫、叶蝉等虫害；中后期主要防治晚疫病、青枯病等病害。

（5）适时收获，当地上部大多数茎叶开始落黄衰老时，择晴抢收，去土晾干后及时装袋。

适宜种植区域及季节：适宜在福建、广东、广西、云南和贵州等地春、冬季种植。

注意事项：注意防控晚疫病，避免在晚疫病重灾区种植。

3. 闽薯3号

选育单位： 福建省农业科学院作物研究所
审定（登记）情况： GPD马铃薯（2019）350027
品种类型： 鲜食型
亲本组合： Chieftain×郑薯6号
品种特点： 该品种生育期90d，株型直立，平均株高47cm，叶片绿色，茎绿色，花冠白色。薯块短卵圆形，薯皮红色，薯肉黄色，芽眼浅、红色，表皮光滑。大中薯率83.5%，鲜薯干物质含量18.16%，淀粉含量11.61%，蛋白质含量2.10%，每100g鲜薯维生素C含量18.90mg，还原糖含量0.46%，食用品质好。中感晚疫病，高抗早疫病，中抗花叶病毒病（PVX），抗重花叶病毒病（PVY）。
区试表现： 2014—2016年参加福建省品种区域试验，第1生长周期平均鲜薯亩产2 011.6kg，比对照品种紫花851增产5.6%；第2生长周期平均鲜薯亩产1 269.2kg，比对照品种紫花851增产6.8%。两年平均鲜薯亩产1 640.4kg，比对照品种紫花851增产6.1%。
栽培技术要点：
（1）地块选择应确保土层深厚、土质疏松、排灌方便，忌与茄科作物连作。
（2）适时播种，春种播期一般为2—3月，冬种播期一般为11月至翌年1月；选用优质健康脱毒种薯，带芽、切块播种，确保每个薯块至少包含1个芽眼，播前用杀菌剂拌种。

（3）合理密植，一般种植密度为春种每亩4 500株左右，冬种每亩5 000株左右；田块深耕松土后起垄，单垄双行种植。

（4）科学施肥，基肥每亩增施500kg有机肥，后期注意增施钾肥和微量元素；加强田间管理，及时中耕培土，遇雨注意排涝；干旱注意灌水。

（5）适时收获，当地上部大多数茎叶开始落黄衰老时，择晴抢收，去土晾干后及时装袋。

适宜种植区域及季节：适宜在福建春、冬季种植。

注意事项：注意防控晚疫病，避免在晚疫病重灾区种植。

4. 闽薯4号

选育单位：福建省农业科学院作物研究所

审定（登记）情况：GPD马铃薯（2020）350096

品种类型：鲜食型

亲本组合：Lady Rosetta × Kennebec

品种特点：该品种生育期93d，株型直立，平均株高46cm，叶片绿色，茎紫色，花冠紫色。薯块卵圆形，薯皮红色，薯肉黄色，芽眼浅，表皮光滑。大中薯率93.4%，鲜薯干物质含量20.57%，淀粉含量14.28%，蛋白质含量1.92%，每100g鲜薯维生素C含量25.35mg，还原糖含量0.32%，食用品质好。高感晚疫病和晚疫病，中抗花叶病毒病（PVX），中抗重花叶病毒病（PVY）。

区试表现： 2016—2018年度参加福建省品种区域试验，第1生长周期平均鲜薯亩产2 455.5kg，比对照品种紫花851增产11.7%；第2生长周期平均鲜薯亩产2 339.0kg，比对照品种紫花851增产14.7%。两年平均鲜薯亩产2 397.2kg，比对照品种紫花851增产13.1%。

栽培技术要点：

（1）地块选择应确保土层深厚、土质疏松、排灌方便，忌与茄科作物连作。

（2）适时播种，春种播期一般为2—3月，冬种播期一般为11月至翌年1月；选用优质无病的脱毒种薯，带芽、切块播种，确保每个薯块至少包含1个芽眼，播前用杀菌剂拌种。

（3）合理密植，一般种植密度为春种每亩4 000～4 500株，冬种每亩4 500～5 000株；田块深耕松土后起垄，单垄双行种植。

（4）科学施肥，施足底肥，基肥增施有机肥、钾肥，幼苗出土后适时适量追施尿素等速效肥；加强田间管理，及时中耕培土，遇雨注意排涝。

（5）适时收获，当地上部大多数茎叶开始落黄衰老时，择晴抢收，去土晾干后及时装袋。

适宜种植区域及季节： 适宜在福建春、冬季种植。

注意事项： 注意防控晚疫病、早疫病，避免在晚疫病重灾区种植。

5. 闽薯5号

选育单位： 福建省农业科学院作物研究所

审定（登记）情况： GPD马铃薯（2022）350070

品种类型： 鲜食型

亲本组合： 闽薯2号×中龙薯1号

品种特点： 该品种生育期88d，株型半直立，平均株高54cm，叶片绿色，茎绿色，花冠白色。薯块圆形，薯皮黄色，薯肉黄色，芽眼深度中等，表皮光滑。大中薯率91.6%，鲜薯干物质含量14.90%，淀粉含量11.23%，蛋白质含量1.79%，每100g鲜薯维生素C含量23.30mg，还原糖含量0.38%，食用品质好。中感晚疫病，中抗花叶病毒病（PVX），中抗重花叶病毒病（PVY）。

区试表现： 2019—2021年度参加国家马铃薯南方冬作组区试，第1生长周期平均鲜薯亩产3015.3kg，比对照品种费乌瑞它增产39.2%；第2生长周期平均鲜薯亩产3139.8kg，比对照品种费乌瑞它增产35.7%。两年平均鲜薯亩产3077.5kg，比对照品种费乌瑞它增产37.5%。

栽培技术要点：

（1）选择耕作层深厚、土质疏松，排灌方便的田块种植，前茬最好为水稻田，忌与茄科作物连作。

（2）适时播种，春种播期一般为2—3月，冬种播期一般为11月至翌年1月；选择优质健康的脱毒种薯，带芽、切块播种，确保每个薯块至少包含1个芽眼，播前用杀菌剂拌种。

（3）适当密植，一般种植密度为春种每亩4 500株左右，冬种每亩5 500株左右。田块深耕松土后起垄，单垄双行、覆盖地膜种植。

（4）科学施肥，一般基肥亩施500kg腐熟鸡粪和100kg复合肥，齐苗后追1次促苗肥，薯块膨大中后期喷施叶面肥2～3次；前期应早除草、中耕培土，及时灌排水，以及注意防治蚜虫等虫害；中后期主要防治晚疫病、青枯病等病害。

（5）适时收获，当地上部大多数茎叶开始落黄衰老时，择晴抢收，去土晾干后及时装袋。

适宜种植区域及季节： 适宜在福建、广西、广东、云南等地冬季种植。

注意事项： 注意防控晚疫病，避免在晚疫病重灾区种植；在块茎膨大期注意水分控制，避免过度灌溉或过旱。

6. 闽薯6号

选育单位： 福建省农业科学院作物研究所
审定（登记）情况： GPD马铃薯（2022）350022
品种类型： 鲜食型
亲本组合： Lady Rosetta × Kennebec
品种特点： 该品种生育期84d，株型开展，平均株高42cm，叶片绿色，茎绿色，花冠浅红色。薯块短卵圆形，薯皮黄色，薯肉浅黄色，芽眼较浅、红色，表皮光滑。大中

薯率88.1%，鲜薯干物质含量20.06%，淀粉含量12.05%，蛋白质含量1.83%，每100g鲜薯维生素C含量25.41mg，还原糖含量0.46%，食用品质好。中感晚疫病，抗花叶病毒病（PVX），抗重花叶病毒病（PVY）。

区试表现：2018—2020年参加福建省品种区域试验，第1生长周期平均鲜薯亩产1 968.4kg，比对照品种费乌瑞它减产8.5%；第2生长周期平均鲜薯亩产2 449.9kg，比对照品种费乌瑞它减产7.0%。两年平均鲜薯亩产2 209.1kg，比对照品种费乌瑞它减产7.6%。

栽培技术要点：

（1）一般选择土层深厚、疏松、富含有机质以及排灌便利的沙壤水稻田种植为好，忌与茄科作物连作。

（2）适时播种，春种播期一般为2—3月，冬种播期一般为11月至翌年1月；选用优质健康脱毒种薯，带芽、切块播种，确保每个薯块至少包含1个芽眼，播前用杀菌剂拌种。

（3）合理密植，一般种植密度为春种每亩3 500～4 000株，冬种每亩4 500～5 000株；田块深耕松土后起垄，单垄双行种植。

（4）科学施肥，基肥增施有机肥、钾肥，幼苗出土后适时适量追施尿素等速效肥；加强田间管理，及时中耕培土，遇雨注意排涝。

（5）适时收获，当地上部大多数茎叶开始落黄衰老时，择晴抢收，去土晾干后及时装袋。

适宜种植区域及季节：适宜在福建春、冬季种植。

注意事项：注意防控晚疫病，避免在晚疫病重灾区种植。

7. 闽彩薯1号

选育单位：福建省农业科学院作物研究所

审定（登记）情况：GPD马铃薯（2020）350093

品种类型：特色型

亲本组合：Calwhite×中薯3号

品种特点：该品种生育期86d，株型直立，株高40cm，茎绿带褐色，叶片绿色。花冠白色。薯块长卵圆形，薯皮紫色，薯肉紫色，芽眼浅，表皮光滑。大中薯率84.1%，鲜薯干物质含量20.11%，淀粉含量12.16%，蛋白质含量1.84%，每100g鲜薯维生素C含量21.70mg，还原糖含量0.43%。食用品质好。高感晚疫病和早疫病，中抗花叶病毒病（PVX），中抗重花叶病毒病（PVY），高抗疮痂病。

区试表现：2016—2018年参加福建省品种区域试验，第1生长周期平均鲜薯亩产1 663.2kg，比对照品种紫花851减产24.3%；第2生长周期平均鲜薯亩产1 481.9kg，比对照品种紫花851减产27.4%。两年平均鲜薯亩产1 572.6kg，比对照品种紫花851减产25.8%。

栽培技术要点：

（1）地块选择应确保土层深厚、土质疏松、排灌方便，忌与茄科作物连作。

（2）适时播种，春种播期一般为2—3月，冬种播期一般为11月至翌年1月；选用优质健康脱毒种薯，带芽、切块播种，确保每个薯块至少包含1个芽眼，播前用杀菌剂拌种。

（3）合理密植，一般种植密度为春种每亩3 500～4 000株，冬种每亩4 500～5 000株；田块深耕松土后起垄，单垄双行种植。

（4）科学施肥，基肥增施有机肥，幼苗出土后适时适量追施速效氮肥和钾肥；加强田间管理，及时中耕培土，遇雨注意排涝。

（5）适时收获，当地上部大多数茎叶开始落黄衰老时，择晴抢收，去土晾干后及时装袋。

适宜种植区域及季节：适宜在福建春、冬季种植。

注意事项：注意防控晚疫病，避免在晚疫病重灾区种植。

8. 闽彩薯2号

选育单位：福建省农业科学院作物研究所

审定（登记）情况：GPD马铃薯（2020）350094

品种类型：特色型

亲本组合：C79 × Sable

品种特点：该品种生育期83d，株型直立，株高30cm，茎绿带褐色，叶片绿色。花冠白色。薯块卵圆形，薯皮紫色，薯肉淡紫色，芽眼浅，表皮光滑。大中薯率78.0%，鲜薯干物质含量18.02%，淀粉含量11.83%，蛋白质含量1.91%，每100g鲜薯维生素C含量21.3mg，还原糖含量0.52%。食用品质好。高感早疫病和晚疫病，抗花叶病毒病（PVX），抗重花叶病毒病（PVY），中抗疮痂病。

区试表现：2016—2018年参加福建省品种区域试验，第1生长周期平均鲜薯亩产1 489.8kg，比对照品种紫花851减产32.2%；第2生长周期平均鲜薯亩产1 196.4kg，比对照品种紫花851减产41.4%。两年平均鲜薯亩产为1 343.1kg，比对照品种紫花851减产36.6%。

栽培技术要点：

（1）地块选择应确保土层深厚、土质疏松、排灌方便，忌与茄科作物连作。

（2）适时播种，春种播期一般为2—3月，冬种播期一般为11月至翌年1月；选用优

质健康脱毒种薯，带芽、切块播种，确保每个薯块至少包含1个芽眼，播前用杀菌剂拌种。

（3）合理密植，一般种植密度为春种每亩4 000 ～ 4 500株，冬种每亩4 500 ～ 5 000株；田块深耕松土后起垄，单垄双行种植。

（4）科学施肥，基肥增施有机肥，幼苗出土后适时适量追施速效氮肥和钾肥；加强田间管理，及时中耕培土，遇雨注意排涝。

（5）适时收获，当地上部大多数茎叶开始落黄衰老时，择晴抢收，去土晾干后及时装袋。

适宜种植区域及季节： 适宜在福建春、冬季种植。

注意事项： 注意防控晚疫病，避免在晚疫病重灾区种植。

⑨ 闽彩薯3号

选育单位： 福建省农业科学院作物研究所

审定（登记）情况： GPD马铃薯（2020）350095

品种类型： 特色型

亲本组合： Shetland Blue × Congo

品种特点： 该品种生育期84d，株型直立，株高40cm，茎绿带褐色，叶片绿色。花冠紫色。薯块卵圆形，薯皮紫色，薯肉紫色，芽眼浅，表皮光滑。大中薯率79.6%，鲜

薯干物质含量20.64%，淀粉含量12.68%，蛋白质含量2.11%，每100g鲜薯维生素C含量18.20mg，还原糖含量0.39%。食用品质好。高感晚疫病，中抗早疫病，中抗花叶病毒病（PVX），抗重花叶病毒病（PVY），高抗疮痂病。

区试表现：2016—2018年度参加福建省品种区域试验，第1生长周期平均鲜薯亩产1 536.3kg，比对照品种紫花851减产30.1%；第2生长周期平均鲜薯亩产1 495.8kg，比对照品种紫花851减产20.2%。两年平均鲜薯亩产1 516.1kg，比对照品种紫花851减产28.5%。

栽培技术要点：

（1）选择土层深厚、土质疏松、排灌方便的地块种植，忌与茄科作物连作。

（2）适时播种，春种播期一般为2—3月，冬种播期一般为11月至翌年1月；选用优质健康脱毒种薯，带芽、切块播种，确保每个薯块至少包含1个芽眼，播前用杀菌剂拌种。

（3）合理密植，一般种植密度为春种每亩3 500～4 000株，冬种每亩4 500～5 000株；田块深耕松土后起垄，单垄双行种植。

（4）科学施肥，基肥增施有机肥，幼苗出土后适时适量追施速效氮肥和钾肥；加强田间管理，及时中耕培土，遇雨注意排涝。

（5）适时收获，当地上部大多数茎叶开始落黄衰老时，择晴抢收，去土晾干后及时装袋。

适宜种植区域及季节：适宜在福建省春季、冬季种植。

注意事项：注意防控晚疫病，避免在晚疫病重灾区种植。

⑩ 福克76

选育单位：福建省农业科学院作物研究所、龙岩市农业科学研究所

审定（登记）情况：闽审薯2010008、国审薯2013001、GPD马铃薯（2018）350029

品种类型：鲜食型

亲本组合：坝9×卡它丁

品种特点：该品种生育期95d，株型直立，株高42cm，茎绿带褐色，叶片绿色，花冠淡紫色。薯块卵圆形，薯皮黄色，薯肉淡黄色，芽眼浅，表皮光滑。大中薯率86.4%，鲜薯干物质含量20.22%，淀粉含量14.87%，蛋白质含量2.26%，还原糖含量0.10%。食用品质较好。感晚疫病，抗花叶病毒病（PVX）和重花叶病毒病（PVY）。

区试表现：2010—2012年参加南方冬作组品种区域试验，第1生长周期平均鲜薯亩产2 047.1kg，比对照品种费乌瑞它增产35.7%；第2生长周期平均鲜薯亩产2 441.9kg，比对照品种费乌瑞它增产25.6%。两年平均鲜薯亩产2 244.5kg，比对照品种费乌瑞它增产30.0%。

栽培技术要点：

（1）选择土壤肥沃，土层深厚，土质疏松，排灌条件良好的沙壤土地块，整畦前进行翻耕晒白，忌与茄科作物连作。

（2）选用合格脱毒种薯，适时播种、合理密植，春种播期一般为2—3月，种植密度

每亩4 200株左右；冬种播期一般为11月至翌年1月，种植密度每亩4 800株左右。

（3）科学施肥，亩施纯氮15kg，氮、磷、钾比例0.9∶0.4∶1.8，基肥70％、追肥30％。应保持土壤湿润（70％土壤含水量）；干旱要及时灌水。

（4）中耕培土，预防低温霜冻；及时防治病害，如遇连续雨水天气，用800～1 000倍瑞毒霉锰锌或甲霜灵每隔7～10d喷一次，连续3～4次喷施进行预防。

（5）及时收获与储藏，当大多数叶片落黄衰老，应及时抢收；采收时尽可能减少蹭皮和机械损伤。

适宜种植区域及季节：适宜福建、广东、广西、云南和贵州等地冬季种植。

注意事项：注意防控晚疫病，避免在晚疫病重灾区种植。

11. 福克212

选育单位：福建省农业科学院作物研究所

审定（登记）情况：闽审薯2011005、GPD马铃薯（2018）350028

品种类型：鲜食型

亲本组合：燕子×克新2号

品种特点：该品种生育期89d，株型直立，株高39cm，叶片绿色，茎绿带褐色，花冠白色。薯块卵圆形，薯皮黄色，薯肉黄色，芽眼浅，表皮光滑。大中薯率79.07%，鲜薯干物质含量18.50%，淀粉含量12.39%，蛋白质含量1.84%，还原糖含量0.45%。食味品质较优。中抗晚疫病。

区试表现：2007—2009年参加福建省品种区域试验，第1生长周期平均鲜薯亩产1 856.3kg，比对照品种紫花851增产9.2%；第2生长周期平均鲜薯亩产1 711.7kg，比对照品种紫花851增产4.8%。两年平均鲜薯亩产1 784.0kg，比对照品种紫花851增产7.0%。

栽培技术要点：

（1）选择土层深厚、土质疏松、排灌方便的地块种植，忌与茄科作物连作。

（2）适时播种，春种适宜在2月上旬播种，冬种适宜在11月上、中旬抢晴播种；带芽、切块播种，用拌有克露、甲基硫菌灵和农用链霉素等杀菌剂的滑石粉拌种；春种适宜播种密度为每亩4 600～4 800株，冬种适宜播种密度为每亩5 000～5 400株。

（3）基肥应掌握以有机肥为主、化肥为辅的原则施肥，后期看苗追肥；病害防治以防治晚疫病为主。

（4）生长期间应保持田间土壤湿润，保持土壤最大持水量的60%～80%。遇到雨季应注意开沟排水，干旱时要及时灌溉，同时要注意及时排水。

（5）收获期及时选择晴天抢收。

适宜种植区域及季节：适宜在福建春、秋、冬季种植。

注意事项：注意防控晚疫病，避免在晚疫病重灾区种植。

12. 泉云3号

选育单位：泉州市农业科学研究所、云南省农业科学院经济作物研究所

审定（登记）情况：闽审薯2010007、GPD马铃薯（2018）350126

品种类型：鲜食型

亲本组合：VT-1×NS79-12-1

品种特点：该品种生育期96d，株型直立，株高37cm，茎绿色，叶片淡绿，花冠浅紫色。薯块卵圆形，薯皮黄色，薯肉黄色，芽眼中等深，表皮光滑。大中薯率74.01%，鲜薯干物质含量18.48%，淀粉含量11.90%，蛋白质含量2.21%，每100g鲜薯维生素C含量23.6mg，还原糖含量0.78%，食用品质好。中抗晚疫病，抗早疫病，中抗重花叶病，抗卷叶病毒病。

区试表现：2006—2008年参加福建省品种区域试验，第1生长周期平均鲜薯亩产1 889.7kg，比对照品种紫花851增产4.1%；第2生长周期平均鲜薯亩产1 947.1kg，比对照品种紫花851增产17.1%。两年平均鲜薯亩产1 918.4kg，比对照品种紫花851增产11.0%。

栽培技术要点：

（1）适时播种，山区春种在1月下旬至2月上旬播种，沿海冬种在11月上旬至12月上旬播种。

（2）合理密植，一般每亩种植3 500～4 000株。

（3）高畦深沟双行畦植，施足基肥，增施磷、钾肥；对生长旺盛的植株应在现蕾期喷施90～150mg/L多效唑溶液，使茎秆增粗、节间短壮。

（4）加强病害防治，应实行水旱轮作，切忌连作。地下害虫多发区应在播前施药防治。现蕾期注意防治晚疫病及斜纹夜蛾、红蜘蛛、白粉虱等害虫。

（5）全田茎叶90%落黄时可抢晴收获。

适宜种植区域及季节：适宜在福建山区春季、沿海冬季种植。

注意事项：栽培上应注意在中后期根外追肥，以防止早衰。

⑬. 泉云4号

选育单位：泉州市农业科学研究所、云南省农业科学院经济作物研究所
审定（登记）情况：闽审薯2014002、GPD马铃薯（2018）350055
品种类型：鲜食型
亲本组合：VT-1×NS79-12-1
品种特点：该品种生育期91d，株型直立，株高50.3cm，茎绿带紫色，叶片深绿，花冠浅紫色。薯块卵圆形，薯皮黄色，薯肉乳白色，芽眼中等深、红色，表皮光滑。大中薯率85.0%，鲜薯干物质含量18.88%，淀粉含量16.10%，蛋白质含量2.20%，每100g鲜薯维生素C含量35.00mg，还原糖含量0.31%，食用品质优。中抗晚疫病、早疫病，抗重花叶病、卷叶病毒病。
区试表现：2010—2012年参加福建省品种区域试验，第1生长周期平均鲜薯亩产2 234.5kg，比对照品种紫花851增产14.1%；第2生长周期平均鲜薯亩产1 806.5kg，比对照品种紫花851增产6.0%。两年平均鲜薯亩产为2 020.5kg，比对照品种紫花851增产10.3%。
栽培技术要点：
（1）适时播种，福建山区春种在1月下旬至2月上旬播种，秋种于9月中下旬播种，

沿海冬种在11月上旬至12月上旬播种。

（2）合理密植，一般亩植3 500～4 000株。

（3）高畦深沟双行畦植，施足基肥，增施磷、钾肥；对生长旺盛的植株应在现蕾期喷施90～150mg/L多效唑溶液，促使茎秆增粗、节间短壮，提高大中薯率。

（4）加强病虫害防治，应实行水旱轮作，切忌连作。地下害虫多发区应在播种前施药防治。现蕾期注意防治晚疫病、斜纹夜蛾、红蜘蛛、白粉虱等病虫害。

（5）全田茎叶90%落黄时抢晴收获。

适宜种植区域及季节：适宜在福建春、秋、冬季种植。

注意事项：栽培上应注意防治晚疫病，避免在晚疫病重灾区种植。

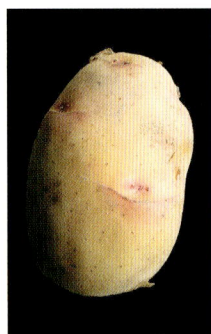

14. 泉薯5号

选育单位：泉州市农业科学研究所

审定（登记）情况：GPD马铃薯（2021）350063

品种类型：鲜食加工兼用型

亲本组合：泉引1号×白花仔

品种特点：该品种生育期91d，株型半直立，株高45cm，茎绿色，叶片绿色，花冠浅红色。薯块短卵圆形，薯皮黄色，薯肉中等黄色，芽眼深度中等、红色；大中薯率79.2%，鲜薯干物质含量20.15%，淀粉含量14.10%，蛋白质含量2.50%，每100g鲜薯维生素C含量22.1mg，还原糖含量0.08%，适合膨化薯片加工。中抗晚疫病，抗早疫病，中抗花叶病毒病，中抗卷叶病毒病。

区试表现： 2016—2018年参加福建省品种区域试验，第1生产周期平均鲜薯亩产1 625.2kg，比对照品种紫花851减产26.1%；第2生产周期平均鲜薯亩产2 302.0kg，比对照品种紫花851增产12.8%。两年平均鲜薯亩产1 963.6kg，比对照品种紫花851减产7.3%。

栽培技术要点：

（1）适时播种，山区春作在1月下旬至2月上旬下种，沿海冬种在11月上旬至12月上旬播种。

（2）合理密植，一般亩植3 500～4 000株。

（3）高畦深沟双行畦植，施足基肥，增施磷、钾肥。

（4）加强病虫害防治，现蕾期注意防治晚疫病；应实行水旱轮作，切忌连作；地下害虫多发区应在播前施药防治，尤其现蕾期要注意喷药防斜纹夜蛾、红蜘蛛、白粉虱等害虫。

（5）全田茎叶90%落黄时可抢晴收获。

适宜种植区域及季节： 适宜在福建春、冬季种植。

注意事项： 栽培上应注意水旱轮作换茬。

15. 福农薯1号

选育单位： 福建农林大学

审定（登记）情况： GPD马铃薯（2022）350066

品种类型： 鲜食型

亲本组合： 青薯6号×陇薯3号

品种特点： 该品种生育期87d，株型直立，茎绿色，叶片绿色，花冠紫色。薯块圆形，薯皮浅黄色，薯肉浅黄色，芽眼浅。大中薯率92.0%，鲜薯干物质含量17.90%，淀粉含量15.00%，蛋白质含量1.90%，每100g鲜薯维生素C含量18.70mg，还原糖0.86%，蒸煮口感好。高抗晚疫病，抗花叶病毒病，抗卷叶病毒病。

区试表现： 2018—2020年参加福建省品种区域试验，第1生长周期平均鲜薯亩产2 559.4kg，比对照费乌瑞它增产19.0%；第2生长周期平均鲜薯亩产3 011.2kg，比对照费乌瑞它增产14.4%。两年平均鲜薯亩产2 785.3kg，比对照品种费乌瑞它增产16.5%。

栽培技术要点：

（1）选择中等肥力以上，通气良好的沙壤土地块种植。

（2）前茬作物收获后，对土壤进行深翻，翻地前施有机肥培肥地力，翻匀、翻松。播前亩施纯氮10～12kg、五氧化二磷5～8kg、氧化钾15～18kg，其中氮肥90%作基肥，10%可作苗期追肥；或亩施马铃薯专用肥60kg。

（3）适宜播期冬播为11—12月，春播为3—4月；适宜种植密度为每亩4 000～4 500株，合理控制株行距，株距25～30cm，行距110～120cm。

（4）适时收获，当地上部大多数茎叶开始落黄衰老，择晴抢收。

适宜种植区域及季节：适宜在福建春、冬季种植。

注意事项：该品种单株结薯数较多，苗期注意施足基肥，后期注意喷施钾肥，防止早衰。土壤钾含量不足地区应增加钾肥，有利于薯块膨大。

⑯ 福彩薯2号

选育单位：福建农林大学

审定（登记）情况：GPD马铃薯（2022）350006

品种类型：特色型

亲本组合：青168×黑美人

品种特点：生育期80d，株型直立，茎紫色，叶片绿色，花冠紫色。薯块长卵圆形，薯皮红色，薯肉红色，芽眼浅。大中薯率83.7%，鲜薯干物质含量16.60%，淀粉含量13.40%，蛋白质含量2.34%，每100g鲜薯维生素C含量12.90mg，还原糖含量0.69%，蒸煮口感好。抗晚疫病，抗花叶病毒病，抗卷叶病毒病。

区试表现：2018—2020年参加福建省品种区域试验，第1生长周期平均鲜薯亩产1 487.1kg，比对照费乌瑞它减产30.9%；第2生长周期平均鲜薯亩产1 810.9kg，比对照费乌瑞它减产31.8%。两年平均鲜薯亩产1 649.0kg，比对照品种费乌瑞它减产31.1%。

栽培技术要点：

（1）选择中等肥力以上，通气良好的沙壤土种植。

（2）前茬作物收获后对土壤进行深翻，翻地前施有机肥培肥地力，翻匀、翻松。播前亩施纯氮10～12kg、五氧化二磷5～8kg、氧化钾15～18kg，其中氮肥90%作基肥，10%可作苗期追肥；或亩施马铃薯专用肥60kg。

（3）适宜播期冬播为11—12月，春播为3—4月，选择无病、无伤幼壮薯做种，亩播量140～160kg。适宜种植密度每亩4 000～4 500株，株距25～30cm，行距110～120cm。

（4）适时收获，当地上部大多数茎叶开始落黄衰老，择晴抢收。

适宜种植区域及季节：适宜在福建省马铃薯主产区冬、春季种植。

注意事项：苗期注意施足基肥，中后期注意晚疫病和蚜虫的防治，土壤钾含量不足的应注意补施钾肥，有利于薯块膨大。

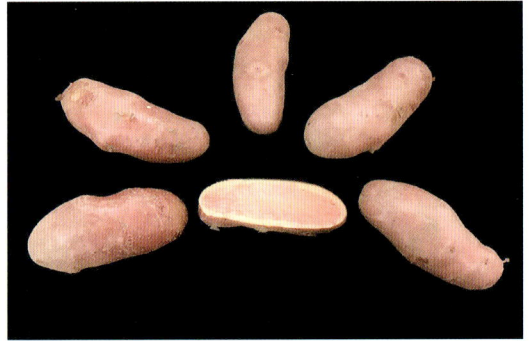

17. 闽诚2号

选育单位： 福建闽诚农业发展有限公司

审定（登记）情况： GPD马铃薯（2020）350080

品种类型： 鲜食型

亲本组合： 241-78×Fcny

品种特点： 生育期86d，株型直立，平均株高46cm，叶片绿色，茎绿带褐色。薯块卵圆形，薯皮淡黄色，薯肉淡黄色，芽眼深度中等，表皮光滑；大中薯率80.7%，鲜薯干物质含量17.65%，淀粉含量13.40%，蛋白质含量2.10%，每100g鲜薯维生素C含量17.20mg，还原糖含量0.54%，口感较好。中感晚疫病，中抗病毒病。

区试表现： 2014—2016年参加福建省品种区域试验，第1生长周期平均鲜薯亩产1 822.8kg，比对照紫花851减产4.3%；第2生长周期平均鲜薯亩产1 087.6kg，比对照紫花851减产8.5%。两年平均鲜薯亩产1 455.2kg，比对照品种紫花851减产5.9%。

栽培技术要点：

（1）适时播种，春种一般在2—3月，冬种播种期一般在11月至翌年1月。

（2）选择优质无病的脱毒种薯，当种薯芽长1～2cm时，用刀自上而下把种薯切成30～35g小块，并用杀菌剂拌种，有芽的先播种，无芽的统一催芽后播种以保证出苗整齐。

（3）适当密植，一般种植密度每亩4 000～4 500株。

（4）基肥增施有机肥，每亩800kg有机肥和75kg复合肥作基肥。及时追肥，于出苗后25～30d，亩施用复合肥100kg左右，中后期及时喷施叶面肥。

（5）前期应早除草、中耕培土，及时灌排水，以及注意防治蚜虫、叶蝉等虫害；中后期主要防治晚疫病、青枯病等病害。

（6）当地上部大多数茎叶开始落黄衰老时，择晴抢收，去土晾干后及时装袋。

适宜种植区域及季节：适宜在福建春、冬季种植。

注意事项：注意防控晚疫病，避免在晚疫病重灾区种植。

附录一 《植物品种特异性、一致性和稳定性测试指南 马铃薯》（GB/T 19557.28—2018）

1. 范围

GB/T 19557 的本部分给出了马铃薯（*Solanum tuberosum* L.）品种特异性、一致性和稳定性测试技术要点和结果判定的一般原则。

本部分适用于马铃薯品种特异性、一致性和稳定性测试和结果判定。

2. 规范性引用文件

下列文件对于本文件的应用是必不可少的。凡是注日期的引用文件，仅注日期的版本适用于本文件。凡是不注日期的引用文件，其最新版本（包括所有的修改版本）适用于本文件。

GB/T 19557.1 植物新品种特异性、一致性和稳定性测试指南 总则

3. 术语和定义

GB/T 19557.1 界定的以及下列术语和定义适用于本文件。

3.1
群体测量 group measurement
对一批植株或植株的某一器官或部位进行测量，获得一个群体记录。

3.2
个体测量 single measurements
对一批植株或植株的某一器官或部位进行逐个测量，获得一组个体记录。

3.3
群体目测 group visual observation
对一批植株或植株的某一器官或部位进行目测，获得一个群体记录。

4. 符号

下列符号适用于本文件。

MG：群体测量。

MS：个体测量。

PQ：假质量性状。

QL：质量性状。

QN：数量性状。

VG：群体目测。

*：标注性状为国际植物新品种保护联盟（UPOV）用于统一品种描述所需的重要性状，除非受环境条件限制性状的表达状态无法测试，所有UPOV成员都需使用这些性状。

＿：标注下划线是特别提示测试性状的适用范围。

5 繁殖材料需满足的条件

5.1 繁殖材料以块茎形式提供。

5.2 每个生长周期提交的块茎数量至少100个。

5.3 提交的块茎直径为35mm ～ 50mm，未发芽，外观健康，且无病虫侵害。

5.4 提交的块茎一般不进行任何影响品种性状正常表达的处理。如果已处理，需提供处理的详细说明。

5.5 提交的块茎需符合中国植物检疫的有关规定。

6 测试方法

6.1 测试周期

测试周期一般至少为两个独立的生长周期。

6.2 测试地点

测试通常在一个地点进行。如果某些性状在该地点不能充分表达，可在其他符合条件的地点对其进行观测。

6.3 田间试验

6.3.1 试验设计

待测品种和近似品种相邻种植。

田间试验每个小区不少于30株，株距30cm，行距90cm。设2次重复。光发芽试验每个品种取6个块茎在简易培养箱中进行。

6.3.2 田间管理

可按当地大田生产管理方式进行。

6.4 性状观测

6.4.1 观测时期

性状观测需按照表A.1中列出的生育阶段进行。生育阶段描述见表B.1。

6.4.2 观测方法

性状观测需按照表A.1规定的观测方法（VG、MG、MS）进行。部分性状观测方法见B.2和B.3。

6.4.3 观测数量

除非另有说明，个体观测性状（MS）植株取样数量不少于20个，在观测植株的器官或部位时，每个植株取样数量为1个。群体观测性状（VG、MG）需观测整个小区或规定大小的混合样本。

6.5 附加测试

必要时，可选用本部分未列出的性状进行附加测试。

7 特异性、一致性和稳定性结果的判定

7.1 总体原则

特异性、一致性和稳定性的判定按照GB/T 19557.1确定的原则进行。

7.2 特异性的判定

待测品种需明显区别于所有已知品种。在测试中，当待测品种至少在一个性状上与最为近似的品种具有明显且可重现的差异时，即可判定待测品种具备特异性。

7.3 一致性的判定

一致性判定时，采用1%的群体标准和至少95%的接受概率。田间试验时，当样本大小为60株时，最多可以允许有2个异型株；光发芽试验时，当样本大小为6株时，最多可以允许有1个异型株。

7.4 稳定性的判定

如果一个品种具备一致性，则可认为该品种具备稳定性。一般不对稳定性进行测试。

必要时，可以种植该品种的下一批无性繁殖材料，与以前提供的繁殖材料相比，若性状表达无明显变化，则可判定该品种具备稳定性。

8 性状表

8.1 概述

根据测试需要，将性状分为基本性状、选测性状，基本性状是测试中需使用的性状。基本性状见表A.1，可以选择测试的性状未列出。性状表列出了性状名称、表达类型、表达状态及相应的代码和标准品种、观测时期和方法等内容。

8.2 表达类型

本部分中采用的性状，根据其表达方式，分为质量性状、假质量性状和数量性状三种类型。

8.3 表达状态和相应代码

每个性状划分为一系列表达状态，以便于定义性状和规范描述；每个表达状态赋予一个相应的数字代码，以便于数据记录、处理和品种描述的建立与交流。

8.4 标准品种

性状表中列出了部分性状有关表达状态可参考的标准品种，以助于确定相关性状的不同表达状态和校正环境因素引起的差异。

9 分组性状

品种分组性状如下：

a）*光发芽：基部花青苷显色蓝色素比重（表A.1中性状4）；

b）*花冠：内侧花青苷显色强度（表A.1中性状34）；

c）*花冠：内侧花青苷显色蓝色素比重（表A.1中性状35）；

d）＊成熟期（表 A.1 中性状 37）；

e）＊块茎：表皮颜色（表 A.1 中性状 41）。

10 技术问卷

申请人需按附录 C 填写马铃薯技术问卷。

附录A
（规范性附录）
马铃薯性状表

马铃薯基本性状见表A.1。

表 A.1　马铃薯基本性状

性状序号	性状	观测时期和方法	表达状态	标准品种	代码
1	光发芽：大小 QN (a) (b)	10 VG	极小	—	1
			极小到小	—	2
			小	Pepo418	3
			小到中	—	4
			中	花525	5
			中到大	—	6
			大	Warba	7
			大到极大	—	8
			极大	—	9
2	*光发芽：形状 PQ (a) (b) (＋)	10 VG	球形	波C	1
			卵形	Lt-5	2
			圆锥形	Caribe	3
			粗圆柱形	—	4
			细圆柱形	紫玫瑰1号	5
3	*光发芽：基部花青苷显色强度 QN (a) (b)	10 VG	无或极弱	Estima	1
			极弱到弱	—	2
			弱	Ranger Russet	3
			弱到中	—	4
			中	花525	5
			中到强	—	6
			强	Warba	7
			强到极强	—	8
			极强	Bintje	9
4	*光发芽：基部花青苷显色蓝色素比重 QN (a) (b) (e)	10 VG	无或低	DTO-33	1
			中	克新4号	2
			高	Bintje	3

(续)

性状序号	性状	观测时期和方法	表达状态	标准品种	代码
5	*光发芽：基部茸毛 QN (a) (b)	10 VG	无或极少	新芋5号	1
			极少到少	—	2
			少	沙杂15号	3
			少到中	—	4
			中	Red Warba	5
			中到多	—	6
			多	Warba	7
			多到极多	—	8
			极多	黑玫瑰1号	9
6	光发芽：顶部相对 于基部大小 QN (a) (b)	10 VG	极小	—	1
			极小到小	—	2
			小	波C	3
			小到中	—	4
			中	克新4号	5
			中到大	—	6
			大	Guar row	7
			大到极大	—	8
			极大	—	9
7	光发芽：顶部习性 QN (a) (b) (|)	10 VG	并拢	克新4号	1
			并拢到半开展	—	2
			半开展	Warba	3
			半开展到开展	—	4
			开展	克新23号	5
8	光发芽：顶部花青 苷显色强度 QN (a) (b)	10 VG	无或极弱	Estima	1
			极弱到弱	—	2
			弱	Lt-5	3
			弱到中	—	4
			中	克新18号	5
			中到强	—	6
			强	Brigus	7
			强到极强	—	8
			极强	尤金	9

（续）

性状序号	性状	观测时期和方法	表达状态	标准品种	代码
9	光发芽：顶部茸毛 QN (a) (b)	10 VG	无或极少	Kennebec	1
			极少到少	—	2
			少	克新4号	3
			极少到中	—	4
			中	尤金	5
			中到多	—	6
			多	Warbr	7
			多到极多	—	8
			极多	—	9
10	*光发芽：根尖数量 QN (a) (b)	10 VG	无或极少	—	1
			极少到少	—	2
			少	克新6号	3
			极少到中	—	4
			中	Lt-5	5
			中到多	—	6
			多	FL2137	7
			多到极多	—	8
			极多	—	9
11	光发芽：侧枝长度 QN (a) (b) （+）	10 VG	极短	—	1
			极短到短	—	2
			短	花525	3
			短到中	—	4
			中	延薯7号	5
			中到长	—	6
			长	黑玫瑰1号	7
			长到极长	—	8
			极长	—	9
12	植株：类型 QN （+）	20 VG	茎型	克新16号	1
			中间型	克新4号	2
			叶型	陇薯8号	3
13	*植株：生长习性 QN （+）	20 VG	直立	双丰5号	1
			直立到半直立	—	2
			半直立	克新4号	3
			半直立到开展	—	4
			开展	克新20号	5

（续）

性状序号	性状	观测时期和方法	表达状态	标准品种	代码
14	*茎：花青苷 显色强度 QN	20 VG	无或极弱	东农303	1
			极弱到弱	—	2
			弱	克新4号	3
			弱到中	—	4
			中	Chieftain	5
			中到强	—	6
			强	紫盈	7
			强到极强	—	8
			极强	黑玫瑰1号	9
15	茎：翼形状 PQ （+）	20 VG	直行	东农303	1
			微波形	中薯8号	2
			波形	春薯3号	3
16	复叶：大小 QN （c）	20 VG/MS	极小	—	1
			极小到小	—	2
			小	Agassiz	3
			小到中	—	4
			中	克新4号	5
			中到大	—	6
			大	Kennebec	7
			大到极大	—	8
			极大	—	9
17	复叶：小叶排列 状态 QN （c） （+）	20 VG	叠合	Teton	1
			叠合到相接	—	2
			相接	花525	3
			相接到相离	—	4
			相离	尤金	5
18	复叶：小裂叶数量 QN （c） （+）	20 VG/MS	极少	—	1
			极少到少	—	2
			少	克新19号	3
			少到中	—	4
			中	花525	5
			中到多	—	6
			多	克新20号	7
			多到极多	—	8
			极多	—	9

（续）

性状序号	性状	观测时期和方法	表达状态	标准品种	代码
19	复叶：绿色程度 QN (c)	20 VG	极浅	—	1
			极浅到浅	—	2
			浅	宁薯1号	3
			浅到中	—	4
			中	克新4号	5
			中到深	—	6
			深	中薯2号	7
			深到极深	—	8
			极深	—	9
20	复叶：主脉上表面 花青苷显色强度 QN	20 VG	无或极弱	克新4号	1
			极弱到弱	—	2
			弱	尤金	3
			弱到中	—	4
			中	紫盈	5
			中到强	—	6
			强	黑玫瑰3号	7
			强到极强	—	8
			极强	黑玫瑰1号	9
21	小叶：顶小叶大小 QN (c) +	20 VG	极小	—	1
			极小到小	—	2
			小	—	3
			小到中	—	4
			中	—	5
			中到大	—	6
			大	—	7
			大到极大	—	8
			极大	—	9
22	小叶：联会频率 QN (c) +	20 VG	极低	—	1
			极低到低	—	2
			低	EBA	3
			低到中	—	4
			中	斯尔瓦纳	5
			中到高	—	6

（续）

性状序号	性状	观测时期和方法	表达状态	标准品种	代码
22	小叶：联会频率 QN (c) +	20 VG	高	华颂7号	7
			高到极高	—	8
			极高	—	9
23	小叶：边缘波状程度 QN (c)	20 VG	无或极弱	东农303	1
			极弱到弱	—	2
			弱	尤金	3
			弱到中	—	4
			中	克新6号	5
			中到强	—	6
			强	克新9号	7
			强到极强	—	8
			极强	Erntestole	9
24	小叶：光泽度 QN	20 VG	弱	Conestoga	1
			中	花525	2
			强	克新3号	3
25	叶：莲座状叶顶部茸毛 QL (c)	20 VG	无	Zagadka	1
			有	Alena	9
26	花蕾：花青苷显色强度 QN	20 VG	无或极弱	—	1
			极弱到弱	—	2
			弱	克新2号	3
			弱到中	—	4
			中	花525	5
			中到强	—	6
			强	Brigus	7
			强到极强	—	8
			极强	—	9
27	植株：高度 QN	30 VG/MG	极矮	A-6	1
			极矮到矮	—	2
			矮	东农303	3
			矮到中	—	4
			中	克新2号	5
			中到高	—	6
			高	红土豆	7
			高到极高	—	8
			极高	青薯9号	9

（续）

性状序号	性状	观测时期和方法	表达状态	标准品种	代码
28	*植株：开花频率 QN	30 VG	无或极低	克新4号	1
			极低到低	—	2
			低	Kennebec	3
			低到中	—	4
			中	东农303	5
			中到高	—	6
			高	中薯5号	7
			高到极高	—	8
			极高	冀张薯8号	9
29	植株：顶部叶片花 青苷显色 QL	30 VG	无	克新4号	1
			有	黑美人	9
30	花序：大小 QN (d)	30 VG	极小	—	1
			极小到小	—	2
			小	Estima	3
			小到中	—	4
			中	花525	5
			中到大	—	6
			大	La 01-38	7
			大到极大	—	8
			极大	—	9
31	花序：总梗花青苷 显色强度 QN (d)	30 VG	无或极弱	东农303	1
			极弱到弱	—	2
			弱	花525	3
			弱到中	—	4
			中	尤金	5
			中到强	—	6
			强	Brigus	7
			强到极强	—	8
			极强	—	9

（续）

性状序号	性状	观测时期和方法	表达状态	标准品种	代码
32	花冠：大小 QN (d)	30 VG	极小	—	1
			极小到小	—	2
			小	尤金	3
			小到中	—	4
			中	花525	5
			中到大	—	6
			大	Omega	7
			大到极大	—	8
			极大	—	9
33	花冠：形状 PQ (d) (+)	30 VG	星形	膨大早	1
			近五边形	花525	2
			近圆形	克新12号	3
34	*花冠：内测花青苷 显色强度 QN (d)	30 VG	无或极弱	克新13号	1
			极弱到弱	—	2
			弱	克新2号	3
			弱到中	—	4
			中	Favorita	5
			中到强	—	6
			强	Brigus	7
			强到极强	—	8
			极强	—	9
35	*花冠：内测花青苷 显色蓝色素比重 QN (d) (e)	30 VG	无或低	东农303	1
			中	Favorita	2
			高	FL2215	3
36	*花冠：内测花青 苷显色扩展范围 QN (d)	30 VG	无或极小	克新13号	1
			极小到小	—	2
			小	克新21号	3
			小到中	—	4
			中	花525	5
			中到大	—	6
			大	宁薯1号	7
			大到极大	—	8
			极大	紫盈	9

（续）

性状序号	性状	观测时期和方法	表达状态	标准品种	代码
37	*成熟期 QN	40 MG	极早	东农303	1
			极早到早	—	2
			早	中薯3号	3
			早到中	—	4
			中	克新2号	5
			中到晚	—	6
			晚	花525	7
			晚到极晚	—	8
			极晚	青薯9号	9
38	*块茎：形状 PQ （+）	50 VG	圆形	克新12号	1
			短卵圆形	克新4号	2
			卵圆形	东农303	3
			长卵圆形	中薯9号	4
			长形	Spunta	5
			极长形	Russet Burbank	6
39	块茎：芽眼深度 QN	50 VG	极浅		1
			极浅到浅	—	2
			浅	中薯3号	3
			浅到中	—	4
			中	克新4号	5
			中到深		6
			深	花525	7
			深到极深	—	8
			极深		9
40	块茎：表皮光滑度 QN	50 VG	光滑	东农303	1
			光滑到中等		2
			中等	克新2号	3
			中等到粗糙		4
			粗糙	克新13号	5
41	*块茎：表皮颜色 PQ	50 VG	浅黄色	中薯5号	1
			黄色	东农303	2
			浅红色	Norland	3
			红色	红盈	4
			部分红色	Red Warba	5
			蓝色	Brigus	6
			部分蓝色	Kestrel	7
			红褐色	Umatilla Russet	8

（续）

性状序号	性状	观测时期和方法	表达状态	标准品种	代码
42	*块茎：芽眼基部颜色 PQ	50 VG	白色	Nadine	1
			黄色	东农303	2
			红色	高原1号	3
			蓝色	Brigus	4
43	*块茎：薯肉颜色 PQ	50 VG	白色	Russet Burbank	1
			乳白色	Desiree	2
			浅黄色	中薯5号	3
			中等黄色	宁薯1号	4
			深黄色	Lt-7	5
			红色	红玫瑰1号	6
			部分红色	云薯603	7
			蓝色	黑玫瑰1号	8
			部分蓝色	云薯602	9
44	仅适用于浅黄皮和黄皮品种：块茎：光照后表皮花青苷显色强度 QN	50 VG	无或极弱	东农303	1
			极弱到弱	—	2
			弱	花525	3
			弱到中	—	4
			中	Epicure	5
			中到强	—	6
			强	Lt-5	7
			强到极强	—	8
			极强	—	9

附录B
（规范性附录）
马铃薯性状表的解释

B.1 马铃薯生育阶段

马铃薯生育阶段见表B.1。

表B.1 马铃薯生育阶段表

编号	描述
10	幼芽期，在规定光强和光谱范围的弱光条件下，幼芽生长8周～10周
20	现蕾期，花蕾超出顶叶的植株占小区总株数的75%以上
30	开花期，第一花序有1朵～2朵花开放的植株占小区总株数的75%以上
40	成熟期，全株有2/3以上叶片枯黄的植株占小区总株数的75%以上
50	收获期

B.2 涉及多个性状的解释

B.2.1 符号（a）：涉及光发芽性状的解释。休眠期后，取6个块茎，放入简易培养箱中；完全避开日光，在18℃～22℃条件下，光照强度5 lx～10 lx，约为每平方米8个小白炽灯泡（6V AC/0.05A），安装高度25cm～40cm进行连续光照。培养8周～10周之后开始观测。

B.2.2 符号（b）：涉及光发芽性状见图B.1。

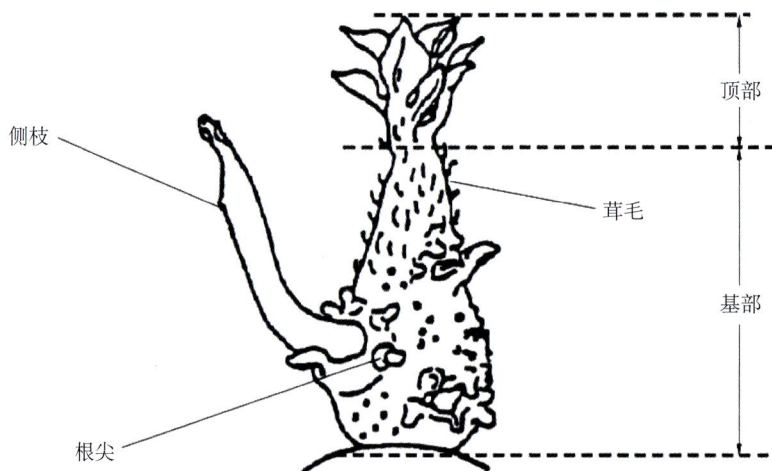

图B.1 光发芽

B.2.3 符号（c）：涉及叶性状见图B.2。叶部性状观测主茎中部发育充分的叶片。

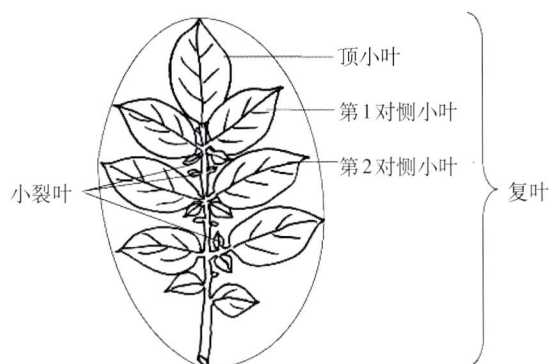

图 B.2　复　叶

B.2.4　符号（d）：涉及花序性状见图 B.3。有关花颜色性状，观测新鲜花的正面。

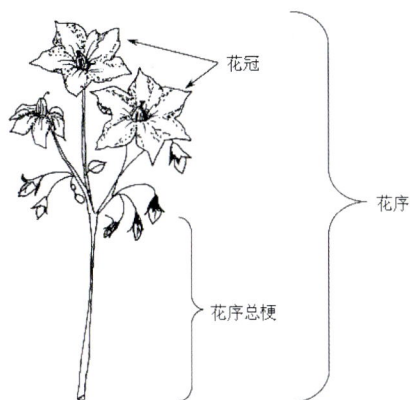

图 B.3　花　序

B.2.5　符号（e）：花青苷显色蓝色素比重的性状。花青苷显色源自于红蓝两个颜色成分。当蓝色成分比重较低时，花青苷显色表现为红紫色；当蓝色成分比重较高时，花青苷显色表现为蓝紫色。

B.3　涉及单个性状的解释

B.3.1　性状 2　光发芽：形状

光发芽：形状，见图 B.4。

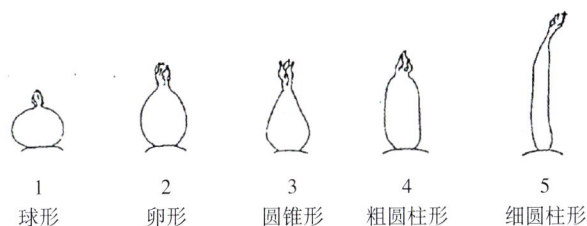

| 1 | 2 | 3 | 4 | 5 |
| 球形 | 卵形 | 圆锥形 | 粗圆柱形 | 细圆柱形 |

图 B.4　*光发芽：形状

B.3.2 性状7 光发芽：顶部习性

光发芽：顶部习性，见图B.5

1	3半开展	5
并拢		开展

图B.5 光发芽：顶部习性

B.3.3 性状11 光发芽：侧枝长度

光发芽：侧枝长度，见图B.6。

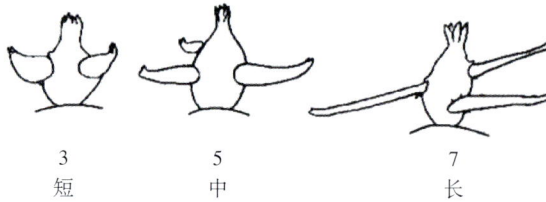

3	5	7
短	中	长

图B.6 光发芽：侧枝长度

B.3.4 性状12 植株：类型

植株：类型，见图B.7。

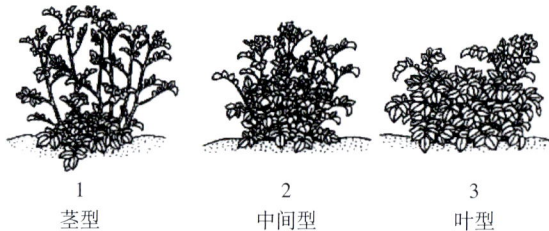

1	2	3
茎型	中间型	叶型

图B.7 植株：类型

B.3.5 性状13 植株：生长习性

植株：生长习性，见图B.8。

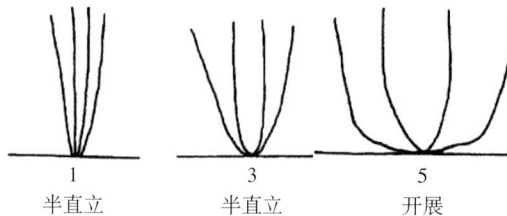

1	3	5
半直立	半直立	开展

图B.8 植株：生长习性

B.3.6 性状15 茎：翼形状

茎：翼形状，见图B.9。

| 1 | 2 | 3 |
| 直形 | 微波形 | 波形 |

图B.9 茎：翼形状

B.3.7 性状17 复叶：小叶排列状态

复叶：小叶排列状态，见图B.10。

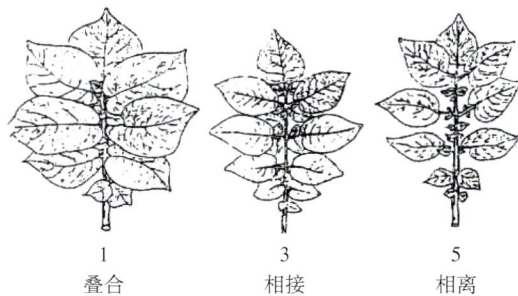

| 1 | 3 | 5 |
| 叠合 | 相接 | 相离 |

图B.10 复叶：小叶排列状态

B.3.8 性状18 复叶：小裂叶数量

复叶：小裂叶数量，见图B.11。

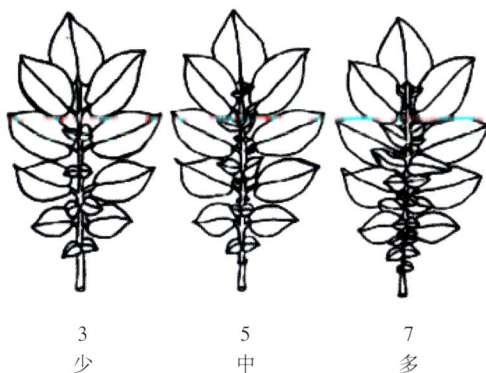

| 3 | 5 | 7 |
| 少 | 中 | 多 |

图B.11 复叶：小裂叶数量

B.3.9　性状22　小叶：联会频率

小叶：联会频率，见图B.12。

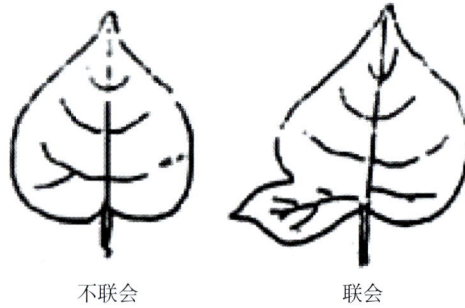

不联会　　　　　　　联会

图B.12　小叶：联会频率

B.3.10　性状33　花冠：形状

花冠：形状，见图B.13。

1	2	3
星形	近五边形	近圆形

图B.13　花冠：形状

B.3.11　性状38　＊块茎：形状

块茎：形状，从块茎最宽处纵切，观测截面形状。见图.14。

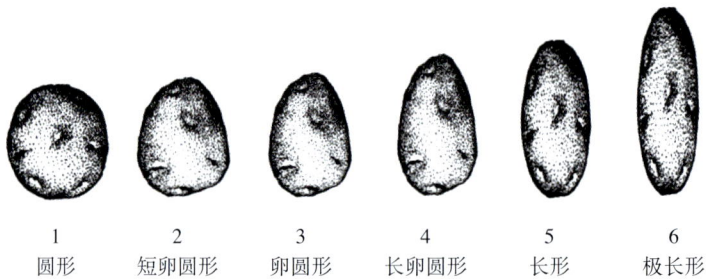

1	2	3	4	5	6
圆形	短卵圆形	卵圆形	长卵圆形	长形	极长形

图B.14　＊块茎：形状

附录C
（规范性附录）
马铃薯技术问卷

（申请人或代理机构签章）

申请号：
申请日：
[由审批机关填写]

一、品种暂定名称

二、申请人信息
姓名：
地址：
电话号码：　　　　　　传真号码：　　　　　　手机号码：
邮箱地址：
育种者姓名（如果与申请人不同）：

三、植物学分类
植物学名：＿＿＿＿＿＿＿＿＿＿＿＿＿＿＿＿＿＿＿＿＿＿＿＿＿＿
中文名：＿＿＿＿＿＿＿＿＿＿＿＿＿＿＿＿＿＿＿＿＿＿＿＿＿＿＿

四、品种类型
在相符 [　] 中打✓
鲜食型　　　　　　　　　　[　]
食品加工型　　　　　　　　[　]
淀粉加工型　　　　　　　　[　]
特用型　　　　　　　　　　[　]

五、待测品种的具有代表性彩色照片

{品种照片粘贴处}
（如果照片较多，可另附页提供）

六、品种的选育背景、育种过程和育种方法（包括系谱、培育过程和所使用的亲本或其他繁殖材料来源与名称的详细说明）

七、适于生长的区域或环境以及栽培技术的说明

八、其他有助于辨别待测品种的信息
（如品种用途、品质抗性，请提供详细资料）

九、品种种植或测试是否需要特殊条件？
在相符 [ ] 中打✓。
是 [ ]　　　否 [ ]
（如果回答是，请提供详细资料）

十、品种繁殖材料保存是否需要特殊条件？
在相符 [ ] 中打✓。
是 [ ]　　　否 [ ]
（如果回答是，请提供详细资料）

十一、待测品种需要指出的性状

在表中相符的代码后［ ］中打✓，若有测量值，请填写。

待测品种需要指出的性状

性状序号	性状	表达状态	代码	测量值
1	*光发芽：基部花青苷显色蓝色素比重（性状4）	无或低	1 [ ]	
		中	2 [ ]	
		高	3 [ ]	
2	*植株：开花频率（性状28）	无或极低	1 [ ]	
		极低到低	2 [ ]	
		低	3 [ ]	
		低到中	4 [ ]	
		中	5 [ ]	
		中到高	6 [ ]	
		高	7 [ ]	
		高到极高	8 [ ]	
		极高	9 [ ]	
3	*花冠：内侧花青苷显色强度（性状34）	无或极弱	1 [ ]	
		极弱到弱	2 [ ]	
		弱	3 [ ]	
		弱到中	4 [ ]	
		中	5 [ ]	
		中到强	6 [ ]	
		强	7 [ ]	
		强到极强	8 [ ]	
		极强	9 [ ]	
4	*花冠：内侧花青苷显色蓝色素比重（性状35）	无或低	1 [ ]	
		中	2 [ ]	
		高	3 [ ]	
5	*成熟期（性状37）	极早	1 [ ]	
		极早到早	2 [ ]	
		早	3 [ ]	
		早到中	4 [ ]	
		中	5 [ ]	
		中到晚	6 [ ]	
		晚	7 [ ]	
		晚到极晚	8 [ ]	
		极晚	9 [ ]	
6	*块茎：形状（性状38）	圆形	1 [ ]	
		短卵圆形	2 [ ]	
		卵圆形	3 [ ]	
		长卵圆形	4 [ ]	
		长形	5 [ ]	
		极长形	6 [ ]	

（续）

性状序号	性状	表达状态	代码	测量值
7	*块茎：表皮颜色 （性状41）	浅黄色 黄色 浅红色 红色 部分红色 蓝色 部分蓝色 红褐色	1 [ ] 2 [ ] 3 [ ] 4 [ ] 5 [ ] 6 [ ] 7 [ ] 8 [ ]	
8	*块茎：芽眼基部颜色 （性状42）	白色 黄色 红色 蓝色	1 [ ] 2 [ ] 3 [ ] 4 [ ]	
9	*块茎：薯肉颜色 （性状43）	白色 乳白色 浅黄色 黄色 深黄色 红色 部分红色 蓝色 部分蓝色	1 [ ] 2 [ ] 3 [ ] 4 [ ] 5 [ ] 6 [ ] 7 [ ] 8 [ ] 9 [ ]	

十二、与近似品种的明显差异性状表达状态描述

在自己认知范围内，列出待测品种与其最为近似的品种的明显差异。

待测品种与近似品种的差异

近似品种名称	性状名称	近似品种表达状态	待测品种表达状态
近似品种1	×× ……	×× ……	×× ……
近似品种2（可选择）	×× ……	×× ……	×× ……

备注：（可提供其他有利于特异性审查的信息）

申请人员承诺：技术问卷所填写的信息真实！

签 名：

附录二 《马铃薯种质资源描述规范》 (NY/T 2940—2016)

1 范围

本标准规定了马铃薯（*Solanum tuberosum* L.）种质资源基本信息、植物学特征、生物学特性、品质性状及抗性性状的描述方法。

本标准适用于马铃薯（*Solanum tuberosum* L.）种质资源的描述。

2 规范性引用文件

下列文件对于本文件的应用是必不可少的。凡是注日期的引用文件，仅注日期的版本适用于本文件。凡是不注日期的引用文件，其最新版本（包括所有的修改单）适用于本文件。

GB/T 2260 中华人民共和国行政区划代码

GB/T 2659 世界各国和地区名称代码

3 描述内容

描述内容见表1。

表1 马铃薯种质资源描述内容

描述类别	描述内容
基本信息	全国统一编号、引种号、采集号、种质名称、种质外文名、科名、属名、种名或变种名、原产国、原产省、原产地、海拔、经度、纬度、来源地、保存单位、保存单位编号、亲本、选育单位、育成年份、选育方法、种质类型、图像、观测地点
植物学特征	幼芽形状、幼芽颜色、柱型、茎翼形状、茎色、叶色、叶表面光泽度、叶缘、小叶着生密集度、顶小叶宽度、顶小叶形状、顶小叶基部形状、托叶形状、花冠形状、花冠直径、花冠颜色、重瓣花、花柄节颜色、柱头形状、柱头颜色、柱头长短、花药形状、花药颜色、薯形、皮色、芽眼深浅、芽眼色、芽眼多少、薯皮光滑度、肉色
生物学特性	株高、主茎数、分枝类型、植株繁茂性、茎粗、开花繁茂性、自然结实性、结薯集中性、块茎整齐度、块茎大小、块茎产量、休眠性、倍性、生育期、熟性、出苗期、现蕾期、开花期、成熟期
品质性状	干物质含量、淀粉含量、维生素C含量、粗蛋白含量、还原糖含量、食味
抗性性状	马铃薯X病毒抗性、马铃薯Y病毒抗性、马铃薯A病毒抗性、马铃薯S病毒抗性、马铃薯卷叶病毒抗性、马铃薯植株晚疫病抗性、马铃薯块茎晚疫病抗性、马铃薯环腐病抗性、马铃薯青枯病抗性、马铃薯疮痂病抗性、马铃薯早疫病抗性、马铃薯丝核菌病抗性、马铃薯胞囊线虫抗性

4 描述方法

4.1 基本信息

4.1.1 全国统一编号

种质的唯一标识号，全国统一编号是由"MSG"加5位顺序号组成，"MS"代表马铃薯，"G"代表国家圃，后五位顺序号从"00001"到"99999"，代表具体马铃薯种质的编号，该编号由国家种质克山马铃薯试管苗保存库赋予。

4.1.2 引种号

马铃薯种质从国外引入时赋予的编号，由"年份""4位顺序号"顺次连续组合而成，"年份"为4位数，"4位顺序号"每年分别编号，每份引进种质具有唯一的引种号。

4.1.3 采集号

马铃薯种质在野外采集时赋予的编号，由4位年份加2位省份代码加4位顺序号组成，省代码按照GB/T 2260的规定执行。

4.1.4 种质名称

马铃薯种质的中文名称。国内种质的原始名称，如果有多个名称，可以放在括号内，用逗号分隔。国外引进种质如果没有中文译名，可以直接用种质的外文名。

4.1.5 种质外文名

国外引进种质的外文名或国内种质的汉语拼音名。国内种质中文名称为3字（含3字）以下的，所有汉字拼音连续组合在一起，首字母大写；中文名称为4字（含4字）以上的，拼音按词组分别组合，每个词组的首字母大写。国外引进种质的外文名应注意大小写和空格。

4.1.6 科名

用中文名加括号内拉丁名组成，茄科（Solanceae）。

4.1.7 属名

用中文名加括号内拉丁名组成，茄属（*Solanum*）。

4.1.8 种名或变种名

种质资源在植物分类学上的种名或变种名。用中文名加括号内拉丁名组成。

4.1.9 原产国

马铃薯种质原产国家名称、地区名称或国际组织名称。国家和地区名称按照GB/T 2659的规定执行，如该国家已不存在，应在原国家名称前加"原"。国际组织名称用该组织的正式英文缩写。

4.1.10 原产省

马铃薯种质原产省份名称，省份名称按照GB/T 2260的规定执行；国外引进种质原产省用原产国一级行政区的名称。

4.1.11 原产地

马铃薯种质原产县、乡、村名称，县名按照GB/T 2260的规定执行。

4.1.12 海拔

马铃薯种质原产地的海拔，单位为米（m），精确到1m。

4.1.13 经度

马铃薯种质原产地的经度，单位为度（°）和分（'）。格式为"DDDFF"，其中"DDD"为度，"FF"为分。东经为正值，西经为负值。

4.1.14 纬度

马铃薯种质原产地的纬度，单位为度（°）和分（'）。格式为"DDFF"，其中"DD"为度，"FF"为分。北纬为正值，南纬为负值。

4.1.15 来源地

马铃薯种质的来源国家、省、县名称或机构名，地区名称或国际组织名称。

4.1.16 亲本

马铃薯选育品种（系）的父母本或原始材料。

4.1.17 选育单位

选育马铃薯品种（系）的单位名称或个人，单位名称应写全称。

4.1.18 育成年份

马铃薯品种（系）培育成功的年份，通常为通过审定或正式发表的年份。

4.1.19 选育方法

马铃薯品种（系）的育种方法，分为：1.系选；2.杂交；3.辐射等。

4.1.20 种质类型

保存的马铃薯种质资源的类型，分为：1.野生资源；2.地方品种；3.选育品种；4.品系；5.特殊遗传材料；6.其他。

4.1.21 图像

马铃薯种质的图像文件名。文件名由该种质全国统一编号、连字符"-"和图像序号组成。图像格式为.jpg。

4.1.22 观测地点

马铃薯种质的观测地点，记录到省和县（区）名。

4.2 植物学特征

4.2.1 幼芽形状

在15℃左右的室温、5 lx ～ 10 lx光照强度下培养，待块茎芽长2cm ～ 3cm时的幼芽基部形状，分为：1.圆；2.椭圆；3.圆锥；4.宽圆柱；5.窄圆柱。

4.2.2 幼芽颜色

在15℃左右的室温、5 lx ～ 10 lx光照强度下培养，待块茎芽长2cm ～ 3cm时，观察幼芽颜色，分为：1.绿；2.浅红；3.红；4.深红；5.浅紫；6.紫；7.深紫；8.褐；9.蓝。

4.2.3 株型

在现蕾期，依据地上部主茎与地面夹角确定株型，分为：1.直立；2.半直立；3.开展。

4.2.4 茎翼形状

在现蕾期，植株主茎上茎翼形状（见图1），分为：1.直形；2.微波状；3.波状。

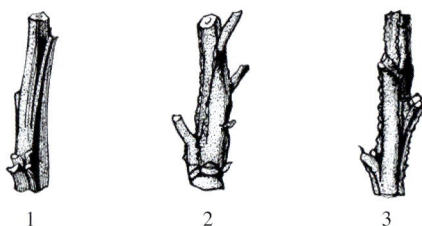

图1　茎翼形状

4.2.5　茎色

在现蕾期，植株主茎颜色，分为：1.绿；2.褐；3.紫；4.深紫；5.局部有色。

4.2.6　叶色

在现蕾期，植株中部叶片正面颜色，分为：1.浅绿；2.绿；3.深绿。

4.2.7　叶表面光泽度

在现蕾期，植株中部叶片正面光泽，分为：1.无光泽；2.中等；3.有光泽。

4.2.8　叶片平展度

在现蕾期，植株中部叶片叶边缘形状（见图2），分为：1.波状；2.微波状；3.平展。

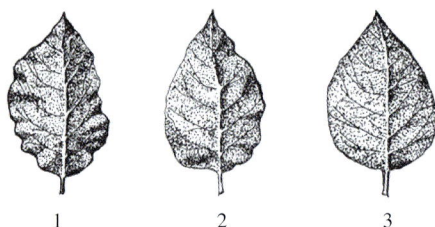

图2　叶片平展度

4.2.9　小叶着生密集度

在现蕾期，植株主茎中部复叶侧小叶着生疏密状况（见图3），分为：1.疏；2.中；3；密。

图3　小叶着生密集度

4.2.10 顶小叶宽度

在现蕾期，测量主茎中部复叶顶小叶宽、长，根据宽长比值确定顶小叶宽度类型，分别：1.窄；2.中；3.宽。

4.2.11 顶小叶形状

在现蕾期，植株主茎中部复叶顶小叶形状（见图4），分为：1.仄形；2.宽形；3.正椭圆形；4.卵形；5.倒卵形；6.戟形。

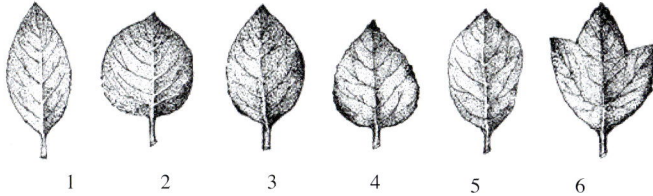

图4 顶小叶形状

4.2.12 顶小叶基部形状

在现蕾期，植株主茎中部复叶小叶基部形状（见图5），分为：1.心形；2.中间形；3.楔形。

图5 顶小叶基部形状

4.2.13 托叶形状

在现蕾期，植株主茎复叶叶柄基部托叶形状（见图6），分为：1.镰刀形；2.中间形；3.叶形。

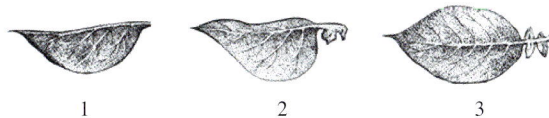

图6 托叶形状

4.2.14 花冠形状

在开花期，新开放花朵花冠形状（见图7），分为：1.星形；2.近五边形；3.近圆形。

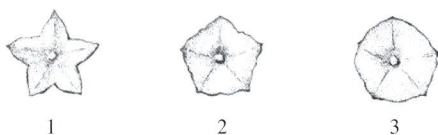

图7　花冠形状

4.2.15　花冠直径

在开花期，测量新开放花朵的花冠最大直径，单位为厘米（cm），分别：1.小；2.中；3.大。

4.2.16　花冠颜色

在开花期，在正常光照条件下，新开放花朵花冠颜色，分为：1.白；2.浅红；3.红；4.浅紫；5.紫；6.蓝紫；7.蓝；8.黄。

4.2.17　重瓣花

在开花期（见图8），分为：1.有；2.无。

图8　重瓣花

4.2.18　花柄节颜色

在开花期，正常光照条件下，花柄节颜色，分为：1.有色；2.无色。

4.2.19　柱头形状

在开花期（见图9），分为：1.无裂；2.二裂；3.三裂。

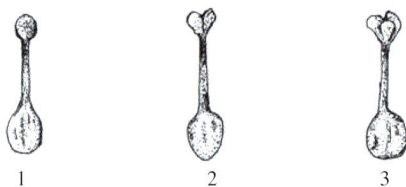

图9　柱头形状

4.2.20　柱头颜色

在开花期，正常光照条件下，新开放花朵柱头颜色，分为：1.浅绿；2.绿；3.深绿。

4.2.21　柱头长短

在开花期（见图10），分为：1.短；2.中；3.长。

图10 柱头长短

4.2.22 花药形状

在开花期，观察新开放花朵的花药形状（见图11），分为：1.锥形；2.圆柱形；3.畸形。

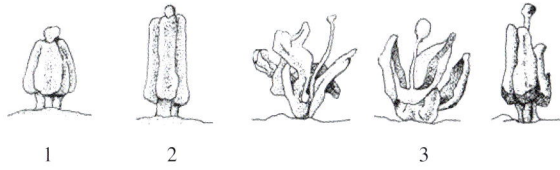

图11 花药形状

4.2.23 花药颜色

在开花期，正常光照条件下，新开放花朵的花药颜色，分为：1.黄；2.橙；3.黄绿。

4.2.24 薯形

成熟健康块茎的形状（见图12），分为：1.扁圆形；2.圆形；3.卵形；4.倒卵形；5.扁椭圆形；6.椭圆形；7.长方形；8.长筒形；9.长形；10.棒槌形；11.肾形；12.纺锤形；13.镰刀形；14.卷曲形；15.掌形；16.手风琴形；17.结节形。

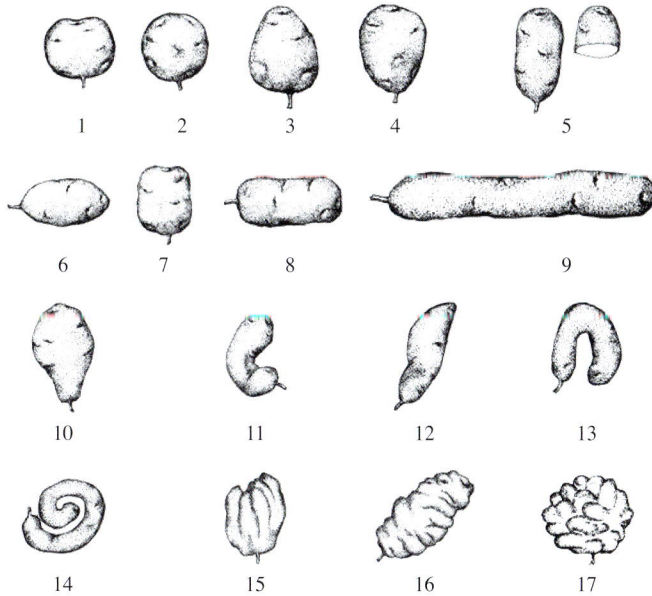

图12 薯形

4.2.25　皮色

未经日光晒过、成熟健康块茎的表皮颜色，分为：1.乳白；2.浅黄；3.黄；4.褐；5.浅红；6.红；7.紫；8.深紫；9.红杂色；10.紫杂色。

4.2.26　芽眼深浅

成熟健康块茎芽眼的深浅程度，分为：1.凸起；2.浅凹；3.凹；4.深凹。

4.2.27　芽眼色

成熟健康块茎芽眼的颜色，分为：1.白；2.黄；3.粉红；4.红；5.紫。

4.2.28　芽眼多少

成熟健康块茎芽眼的多少，分为：1.少；2.中；3.多。

4.2.29　薯皮光滑度

成熟健康块茎的表皮光滑度，分为：1.光滑；2.中；3.粗糙。

4.2.30　肉色

成熟健康块茎的薯肉颜色，分为：1.白；2.奶油色；3.浅黄；4.黄；5.深黄；6.红；7.部分红；8.紫；9.部分紫。

4.3　生物学特性

4.3.1　株高

开花初期，植株地上部最高主茎自地面至顶端的高度，单位为厘米（cm）。

4.3.2　主茎数

由种薯芽眼直接长出地面的茎数，单位为个。

4.3.3　分枝类型

在现蕾期，依据植株主茎上长10cm以上分枝的数量确定分枝类型，分为：1.无；2.少；3.多。

4.3.4　植株繁茂性

在现蕾期，依据植株地上茎叶生长状况确定植株繁茂性类型分为：1.强；2.中；3.弱。

4.3.5　茎粗

在现蕾期，植株主茎最粗处的横径，单位为厘米（cm）。

4.3.6　开花繁茂性

在盛花期，依据植株花序总梗和分枝上的花朵数量确定开花繁茂性类型，分为：1.少；2.中；3.多。

4.3.7　自然结实性

在成熟期，依据植株浆果数量确定自然结实性类型，分为：1.无；2.弱；3.中4.强；5.极强。

4.3.8　结薯集中性

在成熟期，依据植株地下茎上匍匐茎长度确定结薯集中性类型，分为1.集中；2.中；3.分散。

4.3.9　块茎整齐度

在成熟期，将收获的块茎按大（单薯重＞150g）、中（75g≤单薯重量≤150g）、小

（单薯重量<75g）分级，计算每个级别的块茎重量占测定块茎总重量的比率，以百分率（%）表示，精确至0.1%。依据结果确定块茎整齐度，分为：1.整齐；2.中；3.不整齐。

4.3.10 块茎大小

采用4.3.9的样品，依据小、中、大薯的比率确定块茎的大小，分为：1.小；2.中；3.大。

4.3.11 块茎产量

在成熟期，单位面积收获块茎的重量，单位为千克每公顷（kg/hm²）。

4.3.12 休眠性

依据块茎收获至萌动的天数确定休眠性类型，分为1.无；2.短；3.中；4.长。

4.3.13 倍性

依据体细胞中染色体数目确定马铃薯种质的倍性，分为：1.单倍体；2.二倍体；3.三倍体；4.四倍体；5.五倍体；6.六倍体。

4.3.14 生育期

从出苗期至成熟期的天数，单位为天（d）。

4.3.15 熟性

依据生育期确定熟性类型，分为：1.极早熟；2.早熟；3.中早熟；4.中熟；5.中晚熟；6.晚熟。

4.3.16 出苗期

田间出苗株数达75%的日期。

4.3.17 现蕾期

田间75%植株出现花蕾的日期。

4.3.18 开花期.

田间75%的植株第一花序1朵～2朵花开放的日期。

4.3.19 成熟期

田间75%的植株全株有2/3以上叶片枯黄的日期。

4.4 品质性状

4.4.1 干物质含量

成熟块茎中干物质重量占鲜重的比率，以百分率（%）表示。

4.4.2 淀粉含量

成熟块茎中淀粉重量占鲜重的比率，以百分率（%）表示。

4.4.3 维生素C含量

成熟块茎每100克鲜重含维生素C的毫克数，单位为毫克每百克（mg/100g）。

4.4.4 粗蛋白含量

成熟块茎中粗蛋白质重量占块茎鲜重的比率，以百分率（%）表示。

4.4.5 还原糖含量

成熟块茎中还原糖重量占块茎鲜重的比率，以百分率（%）表示。

4.4.6 食味

成熟块茎蒸熟后食味品质，分为：1.优；2.中；3.劣。

4.5 抗病性

4.5.1 马铃薯X病毒抗性

马铃薯植株对普通花叶病毒（PVX）的抗性强弱，依据病症和病毒检测结果确定，分为：0级、1级、3级、5级、7级、9级，即免疫、过敏、抗侵染、耐病、感病、高感。

4.5.2 马铃薯Y病毒抗性

马铃薯植株对重花叶病毒（PVY）的抗性强弱，依据病症和病毒检测结果确定，分为：0级、1级、3级、5级、7级、9级，即免疫、过敏、抗侵染、耐病、感病、高感。

4.5.3 马铃薯A病毒抗性

马铃薯植株对轻花叶病毒（PVA）的抗性强弱，依据病症和病毒检测结果确定，分为：0级、1级、3级、5级、7级、9级，即免疫、过敏、抗侵染、耐病、感病、高感。

4.5.4 马铃薯S病毒抗性

马铃薯植株对潜隐花叶病毒（PVS）的抗性强弱，依据病症和病毒检测结果确定，分为：0级、1级、3级、5级、7级、9级，即免疫、过敏、抗侵染、耐病、感病、高感。

4.5.5 马铃薯卷叶病毒病抗性

马铃薯植株对卷叶病毒（PLRV）的抗性强弱，分为：1级、3级、5级、7级、9级，即高抗、抗病、中抗、感病、高感。

4.5.6 马铃薯植株晚疫病抗性

马铃薯植株对晚疫病（*Phytophfhora infestans* Mont De Bary）的抗性强弱，依据病斑率确定，分为：1级、3级、5级、7级、9级，即高抗、抗病、中抗、感病、高感。

4.5.7 马铃薯块茎晚疫病抗性

马铃薯块茎对晚疫病（*Phytophfhora infestans* Mont De Bary）的抗性强弱，依据病情确定，分为：1级、3级、5级、7级、9级，即高抗、抗病、中抗、感病、高感。

4.5.8 马铃薯环腐病抗性

马铃薯环腐病[*Clavihacter michiganens* subsp. *Sepedonicum*（Spieck, & Kotth.）Davis et al.]的抗性强弱，依据病情确定，分为：1级、3级、5级、7级、9级，即高抗、抗病、中抗、感病、高感。

4.5.9 马铃薯青枯病抗性

马铃薯青枯病（*Ralstonia solanacearum*）的抗性强弱，依据病情确定，分为：1级、3级、5级、7级、9级，即高抗、抗病、中抗、感病、高感。

4.5.10 马铃薯疮痂病抗性

马铃薯疮痂病（*Streptomyces scabies*）的抗性强弱，依据病情确定，分为：1级、3级、5级、7级、9级，即高抗、抗病、中抗、感病、高感。

4.5.11 马铃薯早疫病抗性

马铃薯早疫病[*Alernaria SoZani*（Ell. & G. Marfin）L. R. Jones & Grout]的抗性强弱，依据病情确定，分为：1级、3级、5级、7级、9级，即高抗、抗病、中抗、感病、高感。

4.5.12 马铃薯丝核菌病抗性

马铃薯丝核菌病（*Rhizodonia solani* Kübn）的抗性强弱，依据病情确定，分为：1级、3级、5级、7级、9级，即高抗、抗病、中抗、感病、高感。

4.5.13 马铃薯胞囊线虫抗性

马铃薯胞囊线虫（*Globodera rostochiensis*，G. *palida*）抗性的强弱，依据病情确定，分为：0级、1级、3级、5级、7级、9级，即免疫、高抗、抗病、中抗、感病、高感。

后 记

福建省农业科学院马铃薯研究团队从21世纪初启动马铃薯种质资源的收集、评价与创新利用研究。由于一切从零开始，没有资源、没有经验、没有技术，工作起步困难重重。在此情况下，我们大力推动马铃薯种质资源收集引进工作，在国内同行的支持下，成功引进不同类型的马铃薯种质资源。然而，受福建省地理气候和病虫害等影响，资源保存评价工作曾多次受挫，团队工作热情不断受到打击，几近放弃。我们克服种种困难，通过优化马铃薯离体保存体系，建立平地和高山大棚（露地）种质资源保护体系，建立高山马铃薯杂交育种技术体系，最后才积累了本书所涵盖的各类种质资源材料，得以在此展示给读者参考。

多年来，我们的马铃薯种质资源研究得到了中国农业科学院、黑龙江省农业科学院、青海省农林科学院、云南省农业科学院、华中农业大学、东北农业大学、宁夏农林科学院、恩施土家族苗族自治州农业科学院、河北北方学院、贵州省农业科学院等单位的鼎力相助。本书内容是国家重点研发课题、农业部公益性行业（农业）科研专项、国家马铃薯产业技术体系、福建省种业创新与产业化工程、福建省科技重大专项等项目的研究成果，在此向给予支持和资助的单位、机构和专家学者表示感谢！

在本书撰写过程中，部分育成品种资料由福建农林大学、泉州市农业科学研究所、龙岩市农业科学研究所和福建闽诚农业发展有限公司的同行专家提供，在此谨致谢意！同时感谢福建省农业农村厅的相关领导、专家以及福建省农业科学院其他同仁给予的帮助和支持！

　　本书主要依据福建省马铃薯产业发展实际和课题组研究工作需求，针对种质资源的形态学和部分优异性状进行描述，但未全面系统阐述其生物学特征特性，今后需进一步完善种质资源相关性状研究，争取为科研同行、研究生、农业技术推广人员提供更有科学价值的参考资料。也希望有读者能够加入福建省马铃薯研究队伍中来，共同推进福建省乃至全国冬作区马铃薯种业蓬勃发展。

著　者

2024年3月

图书在版编目（CIP）数据

福建省马铃薯种质鉴定、创制与应用/汤浩等著
. —北京：中国农业出版社，2024.4
ISBN 978-7-109-31912-7

Ⅰ.①福…　Ⅱ.①汤…　Ⅲ.①马铃薯—种质资源—研
究　Ⅳ.①S532.024

中国国家版本馆CIP数据核字（2024）第079078号

福建省马铃薯种质鉴定、创制与应用

FUJIANSHENG MALINGSHU ZHONGZHI JIANDING CHUANGZHI YU YINGYONG

中国农业出版社出版

地址：北京市朝阳区麦子店街18号楼

邮编：100125

责任编辑：魏兆猛

版式设计：王　晨　　责任校对：张雯婷　　责任印制：王　宏

印刷：北京中科印刷有限公司

版次：2024年4月第1版

印次：2024年4月北京第1次印刷

发行：新华书店北京发行所

开本：787mm×1092mm　1/16

印张：8

字数：200千字

定价：100.00元